우주의 비밀에 도전한 과학자들

2

과학 시크릿

정완상 지음

과학정원

과학 시크릿 **2**

우주의 비밀에 도전한 과학자들

초판 인쇄 / 2015년 10월 20일
초판 발행 / 2015년 10월 30일

지은이 / 정완상
펴낸이 / 오판근
펴낸곳 / 교우사

주소 / 서울특별시 동대문구 약령시로 8 교우빌딩 2층
전화 / 925-2861(代), 편집부 / 925-2825, 홈쇼핑 / 969-5762
팩스 / 925-2860

이메일 / kyowoo@kyowoo.co.kr
홈페이지 / http://www.kyowoo.co.kr
북스토어(쇼핑몰) / http://www.kyowoo.co.kr

등록번호 / 1994년 3월 24일 제6-0256호

ISBN 979-11-251-0130-7(03400)
979-11-251-0128-4(세트)

값 12,000원

과학정원은 교우사의 새로운 브랜드명입니다.

머리말

위대한 과학자들은 과학을 사랑하는 청소년들에게는 꿈과 희망을 주는 별입니다. 출판사에서 과학시크릿 시리즈를 써달라는 제의를 받고 과학의 역사를 빛낸 수많은 과학자들을 떠올렸습니다. 또한 이들 과학자들의 새로운 과학에 대한 도전의 역사를 어떻게 잘 정리하는 가를 놓고 많은 고민을 했습니다.

과학은 명확한 대상을 연구하는 학문입니다. 그러므로 이 시리즈는 각 권의 주제를 연구한 과학자들의 이야기입니다. 이 책을 쓰면서 과학이라는 명확한 대상을 놓고 과학자들이 시대적으로 어떤 생각을 가졌는지를 역사에 초점을 맞추어 서술해보는 것이 청소년들에게 가장 도움을 줄 수 있다는 생각이 들었습니다.

이 책은 우주의 비밀에 도전한 과학자들의 이야기를 다루었습니다. 우주의 비밀에 첫 도전을 한 과학자들의 이야기를 시작으로 천동설 과 지동설의 대립의 역사, 행성의 운동에 대한 과학자들의 연구의 발전과 은하의 신비를 밝혀낸 과학자들의 이야기, 우주가 유한한지 무한한지에 대한 논쟁의 역사와 우주가 어떻게 생겨났는가를 밝혀낸 과학자들의 연구 내용을 다루었습니다.

이 책을 쓰면서 그 동안 몰랐던 많은 것들을 알게 되어 기뻤습니다. 과학자들의 개인적인 에피소드나 연구하는 방법들을 통해 저자 자신도 많은 도움을 받았습니다. 이 책을 쓰면서 저자가 국립경상대학교에서 교양강좌로 가르쳤던 〈현대 과학의 이해〉라는 과목의 강의가 큰 도움이 되었습니다.

이 시리즈는 각각의 소주제에 대해 시대 순으로 과학자들의 연구내용을 모았습니다. 복잡한 수식이나 공식은 피해 독자들이 본문을 읽어 나가는 데 난해한 수식으로 인해 어려움을 겪지 않도록 배려했습니다. 그동안 수많은 교양 과학 도서를 썼지만 이번 시리즈처럼 좋은 사진과 삽화와 함께 과학의 각 주제별 역사를 한 눈에 볼 수 있는 책을 집필한 것은 처음이었습니다.

이 책을 쓰는 데 큰 도움을 준 대학원생 차지훈 군, 장은지 양, 정민군, 오유리 양에게 감사를 드립니다. 그리고 부족한 원고를 독자들이 읽기 편하도록 멋지게 편집해준 교우사 편집부에도 감사를 드립니다. 마지막으로 이 책이 나올 수 있도록 물심양면으로 도와주신 도서출판 교우사의 사장님과 출판사 가족 여러분에게 감사를 드립니다.

차 례

Contents

01

우주의 비밀에 첫 도전을 한 과학자

1 신이 우주를 만들었을까?

타임머신을 타고 수 천 년 전으로 거슬러 가보자. 그렇게 오랜 옛날에도 사람들은 하늘을 보았다. 낮에는 하늘에 태양이 떠 있고 밤이 되면 매일 모양이 달라지는 달이 떠 있고 수 많은 별들이 밤하늘을 아름답게 수를 놓았다.

당시의 사람들도 하늘의 신비스런 모습에 감탄하면서 동시에 호기심을 품었을 것이다. 우주는 어떻게 만들어졌을까? 별은 어떻게 만들어졌을까? 달은 왜 매일 모양이 달라질까? 이것은 아주 오래된 인류의 질문들이다. 그리고 이 질문에 대한 해답을 얻기 위해 수많은 현인들이 거대한 우주의 비밀을 풀기 위해 등장한다.

우선 고대 이집트인들이 생각한 우주에 대해 알아보자. 그들은 라(Ra)라고 부르는 태양의 신을 섬겼다. 태양의 신이라는 자신의 그림자와 결혼해 쌍둥이 남매인 공기의 신 슈(Shu)와 비의 여신 테프누트(Tefnut)를 낳았다. 슈와 테프누트 역시 결혼해 쌍둥이 남매인 대지의 신 게브(Geb)와 하늘의 여신 누트(Nut)를 낳았다.

여신 누트는 대지의 신 게브의 누이동생이었는데, 라를 배반하고 오빠인 게브와 부부가 되었다. 이에 화가 난 라는 슈로 하여금 그 둘을 떼어놓게 한 다음, 누트에게는 땅에 눕지 못하도록 엄명을 내렸다.

누트는 발가락 끝으로 발돋움을 하고 서서 손가락 끝을 대지에 대고 있으며, 별이 아로새겨져 있는 그녀의 배가 슈에 의해 받쳐져 공중에 떠서 하늘을 이루었다. 누트의 배에 아로 새겨진 별들은 대지를 밝혀주는 역할을 했다.

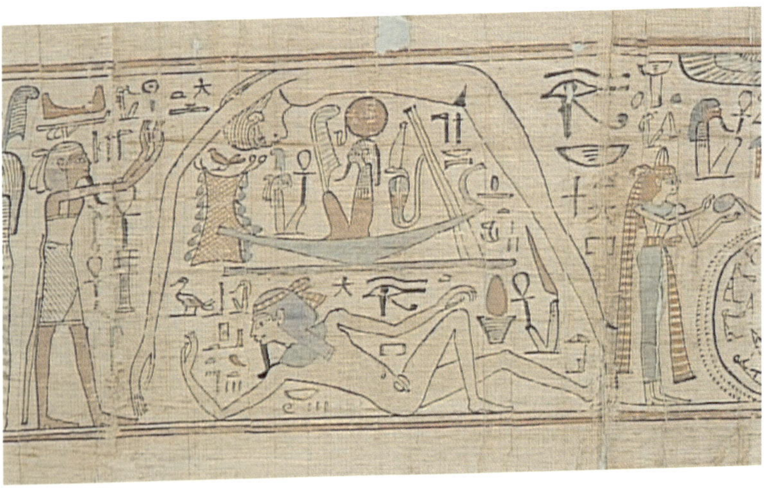

▶ 고대 이집트인들의 신화속 우주의 형상화
– 둥그렇게 엎드린 모습을 한 신은 여신 누트로 하늘을 뜻한다. 바닥에 누운 신은 게브, 대지를 의미한다.

우주에 대한 또 다른 신화는 바빌로니아판 〈창세기〉라고 부르는 〈에누마 엘리시〉에서 찾아 볼 수 있다. 이 책은 19세기 중반 영국의 고고학자 오스틴 헨리 레이어드가 앗시리아 제국 수도였던 니네베(현재 이라크 모술 지방)의 유적을 발굴하던 중 아슈르바니팔 왕의 도서관에서 발견했다.

〈에누마 엘리시〉는 신들의 탄생과 투쟁에 관한 이야기에서 시작된다. 태초에 민물을 지배하는 아프수와 바다의 짠물을 지배하는 티아마트 사이에서 라흐무, 라하무, 안샤르 등 최초의 신들이 탄생하고, 이 신들이 낳은 자식들 중에서 나중에 신들의 왕인 마르두크가 태어난다. 이 후 티아마트와 마르두크 사이에 전쟁이 벌어지고 마르두크가 주문을 걸어 티아마트를 죽인다. 전쟁에서 승리한 마르두크는 티아마트의 시체를 둘로 나누어 하늘과 땅을 창조한다.

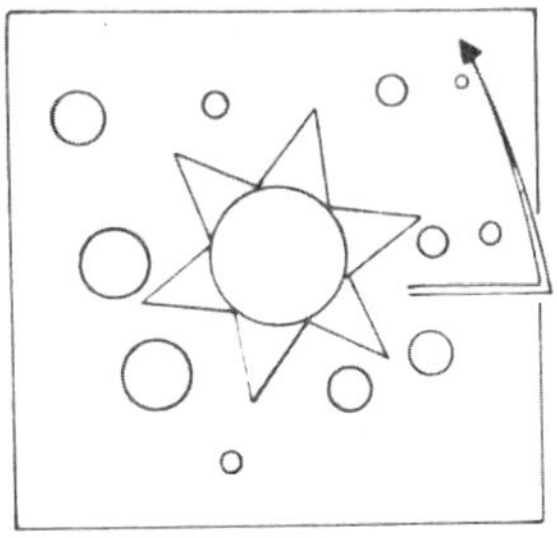

우주에 대한 또 다른 신화로 북유럽신화가 있다. 북유럽사람들은 우주가 얼음에서 만들어졌다고 생각했다. 얼음이 불꽃과 만나 거인이 만들어졌는데 이 거인의 이름이 이미르이다. 최고의 신 오딘과 그의 형제들은 이미르를 죽이고 그의 두개골로 둥근 천장을 만들었는데 그것이 바로 하늘이었다. 오딘 삼형제는 이미르의 살로 대지를 만들고 그의 피로 바다를 만들고 그의 뇌로 구름을 만들었다. 그런 다음 행성들과 해와 달과 별을 둥근 천장에서 움직이게 하여 우주를 만들었다.

▶ 오딘삼형제에게 찢어 죽임을 당하는 이미르

우주에 대한 모형 중에서 가장 오래된 것은 기원전 3천 년 전 고대 바빌로니아 사람들이 남긴 것이다. 바빌로니아는 지금의 중동지역에 있는 티그라스강과 유프라데스강 유역에서 발달한 고대 문명이다. 그들에게 세계의 중심은 그 들이 사는 대륙이었고 세계의 끝은 높은 산이 둘러싸고 있었다. 그 산에 하늘을 덮는 둥근 천장이 얹혀 세계를 덮고 있었고 태양은 그 둥근 천장을 가로질러 동쪽에서 떠오르는 모습이었다.

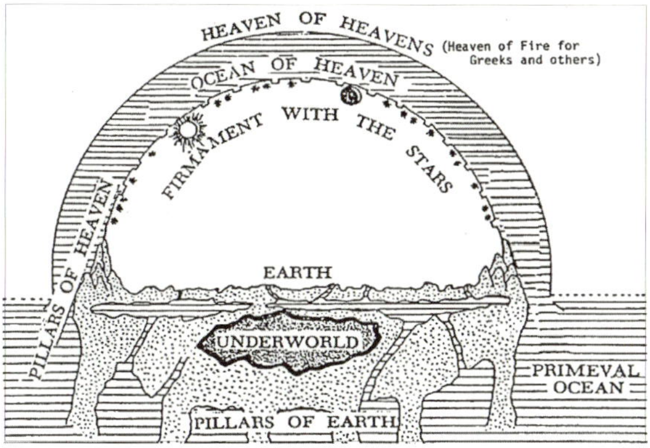

활동수업

1) 인터넷에서 이집트의 신들에 대해 조사해 보자.

2) 우주에 대해 과학적으로 아무것도 아는 것이 없다고 가정하고 우주에 대한 신화를 만들어 보자.

3) 북유럽신화에 대해 조사해 보자.

교과 연계 내용

행성

태양과 같이 스스로 빛과 열을 내는 천체를 항성 또는 별이라고 하고 별 주위를 도는 천체를 행성이라고 하며 행성 주위를 도는 천체를 위성 또는 달이라고 한다. 행성과 위성은 스스로 빛을 내지 못하고 태양의 빛을 반사시켜 빛을 낸다. 태양의 주위에는 여덟 개의 행성이 있다.

2 피자처럼 납작한 지구 - 탈레스

▶ 탈레스

우주가 어떻게 생겼는가에 대해 처음 생각한 사람은 고대 그리스의 식민지인 밀레토스의 탈레스이다. 탈레스는 고대 그리스의 7명의 현인 중의 한 사람으로 수학과 과학에서 많은 업적을 남겼다. 탈레스는 이오니아 철학학교를 세워 많은 제자들을 키워 냈는데 그 중 유명한제자로는 아낙시만드로스와 아낙시메네스가 있다. 이오니아 철학학교에서는 주로 철학, 수학, 천문학을 가르쳤다.

▶ 밀레토스 주변의 지도

탈레스는 이집트와 바빌로니아를 여행하며 천문학과 기하학과 과학에 대한 지식을 습득했다. 그는 이 세상을 이루는 가장 기본이 되는 것을 기본원소라고 정의하고 그 기본원소가 물이라고 생각했다.

사물은 제각기 다른 모양을 하고 있다. 어떤 사물은 물렁물렁하고 어떤 것은 단단하게 생겼으며 어떤 것은 연기처럼 하늘로 올라가기도 한다. 그런데 어떻게 물이 이런 여러 가지 모양의 사물을 만드는 기본원소가 될까? 이 점에 대해 탈레스는 물이 세 가지의 모습을 가지고 있다고 생각했다.

물은 추워지면 얼음처럼 딱딱한 성질을 갖고 평상시에는 냇물처럼 흐르는 성질을 갖고 뜨거워지면 수증기가 되어 위로 올라가는 성질을 지니고 있다. 이렇게 물이 세 가지의 서로 다른 모습을 가지고 있기 때문에 다양한 모습의 사물을 만들어 낼 수 있다고 그는 생각했다.

탈레스는 지구가 거대한 바다에 위에 떠 있는 납작한 원반 모양의 섬이라고 생각했다. 그는 우주를 이루는 모든 것은 물로 이루어져 있으며 태양이나 달이나 별은 물의 증기 상태가 밝게 빛나는 현상이라고 설명했다.

탈레스는 비록 현재의 정확한 데이터와는 다르지만 태양의 궤도를 처음으로 규정했고, 태양과 달의 크기에 대해서도 언급했다. 또한 그는 1년을 365일로 나누는 것에 대해서도 알고 있었다. 또한 그는 별자리에도 관심이 많아서 항해를 할 때는 작은곰자리를 이용해 길을 찾아야 한다고 주장했다.

탈레스는 태양이 지구에 가리는 현상인 일식이 일어나는 시간을 정확히 계산한 최초의 과학자이다. 기원전 585년 리디아와 메디아는 오랜 전쟁을 치르고 있었다. 백성들은 오랜 전쟁으로 지쳐있었고 탈레스는 이 전쟁이 끝나게 하고 싶었다. 그는 태양과 달의 운동을 조사했고 이를 토대로 태양과 지구 사이에 달이 들어와 태양이 가려질 때 일식이 일어난다는 것을 알게 되었다.

탈레스는 과거에 일식이 일어났던 기록들을 살폈다. 그리고 그 해 5월 28일에도 일식을 일어난다는 것을 알아냈다. 탈레스는 "두 나라가 전쟁을 멈추지 않으면 금년 5월 28일에 대낮에도 밤처럼 어두워질 것입니다."라고 말하면서 두 나라의 전쟁이 끝나기를 기다렸다. 하지만 리디아와 메디아의 왕은 탈레스의 예언을 믿지 않았다. 드디어 5월 28일. 두 나라는 여전히 전쟁 중이었다. 갑자기 하늘이 어두워지기 시작하더니 이내 곧 태양이 사라졌다. 전쟁을 하던 군인들은 두려움에 떨었다.

두 나라의 왕은 탈레스의 예언을 믿을 수밖에 없었다. 더 이상 전쟁을 계속하면 신의 노여움을 살 거라고 생각한 두 나라의 왕은 전쟁을 멈추기로 결정했다. 탈레스의 소원대로 전쟁은 끝이 나고 두 나라의 백성들은 전쟁으로부터 벗어 날 수 있게 되었다.

탈레스의 제자인 아낙시만드로스는 기본원소에 대해 스승인 탈레스의 생각과 달랐다. 탈레스가 물이라는 기본원소를 택한 반면 그는 기본원소는 무한한 물질이라고 생각했다. 그는 이것을 아페이론이라 불렀다. 아낙시만드로스는 자연 현상을 합리적으로 설명한 사람이었다. 예를 들어 천둥을 바람이 갈라져서 생긴 현상으로 번개를 구름이 갈라져서 생긴 현상으로 설명했다.

아낙시만드로스는 천문학 연구에 적절한 실험을 도입했다. 그는 수직으로 세워 놓은 막대기의 그림자가 어떻게 움직이는가를 조사하여, 1년의 길이와 계절을 정확하게 알아냈다. 그는 태양, 달, 별 등은 불로 되어 있다고 믿고 있었으며 '우리들은 하늘의 돔 dome에 뚫려 있는 「움직이는 구멍」을 통하여 그 불을 보고 있다'라고 믿었다.

▶ 아낙시만드로스

아낙시만드로스는 지구가 하늘에 달려 있거나 걸려 있는 게 아니라 스스로 우주의 한가운데에 가만히 머물러 있으며 우주의 물질이 지구를 움직이게 하는 힘은 작용하지 않는다고 생각했다. 그의 우주 모형에 따르면 지구는 우주의 중심에 정지해 있다. 또한 지구는 지름이 높이의 3배인 원통 모양이고 별, 달, 태양은 각각 지구의 지름의 9배, 18배, 27배

▶ 아낙시만드로스의 우주 모형

의 크기를 가지고 있다.

아낙시메네스 역시 스승 탈레스와 다르게 기본원소를 공기라고 생각했다. 그는 공기가 모여 있느냐 퍼져 있느냐에 따라 물질이 다른 모양을 띤다고 생각했다. 즉, 공기가 희박하면 불이 되고 공기가 점점 압축되면 바람, 구름, 물, 흙, 돌 등으로 점점 단단해진다고 주장했다.

▶ 아낙시메네스(Anaximenes) 546~525 B.C.

우주에 대한 그의 생각은 탈레스의 생각과 거의 비슷하다. 그는 지구와 천체를 평평한 평면으로 생각했고 태양과 별은 지구의 가장자리를 돈다고 생각했습니다.

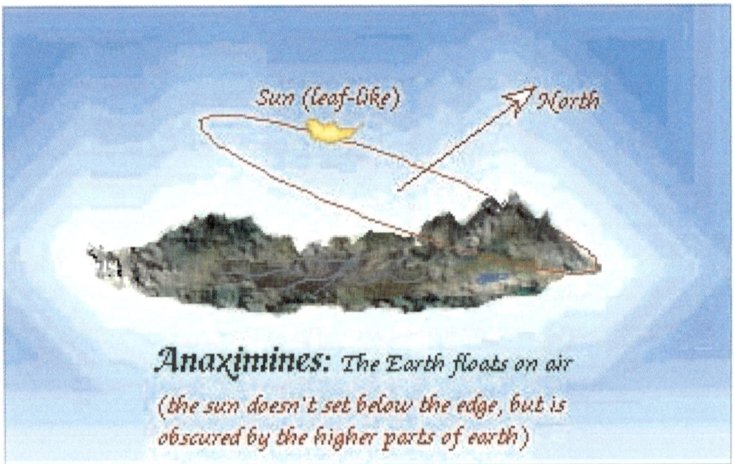

▶ 아낙시메네스의 우주 모형

창작수업

1) 인터넷에서 탈레스에 관해 올바른 자료를 모아 탈레스의 전기를 직접 써 보자.

과학서술수업

1) 탈레스가 말한 세 가지의 모습과 물질의 세 가지 상태와의 관계에 대해 서술해 보자.

답 단단한 물은 고체 상태의 물을 흐르는 물은 액체 상태의 물을 연기처럼 하늘로 올라가는 물은 기체 상태의 물을 나타낸다. 탈레스는 얼음이 물이 되는 것이 물의 모양을 바꾸는 과정이라고 설명했지만 현재의 과학에서는 고체인 얼음이 액체인 물이 되는 것을 열이 공급이 되어 물 분자의 운동에너지가 증가하기 때문인 것으로 알려져 있다.

교과 연계 내용

일식이란 무엇인가?

일식은 달이 태양을 가리는 현상이다. 일식 때는 태양과 지구 사이에 달이 들어가서 태양빛에 의해서 생기는 달의 그림자가 지구에 생긴다. 이렇게 생긴 달의 그림자는 안쪽에 어두운 부분인 본그림자가 생기고, 그 주위의 덜 어두운 부분인 반그림자가 생긴다. 지구에 있는 사람이 본 그림자 안에 있으면 태양이 전부 달에 가려지는 개기일식이 일어나고 반그림자 안에 있으면 태양의 일부가 달에 의해 가려지는 부분일식이 일어난다.

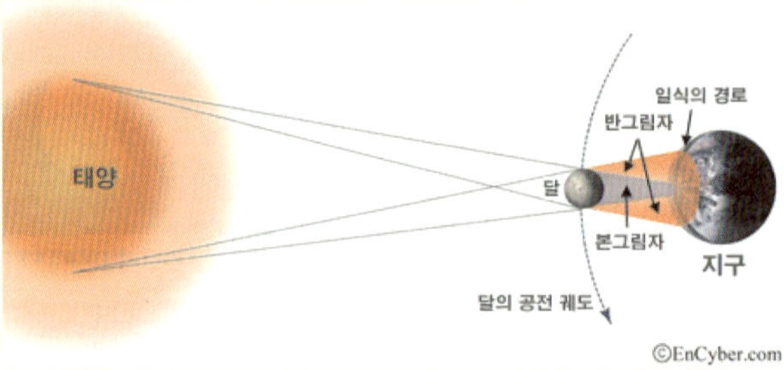

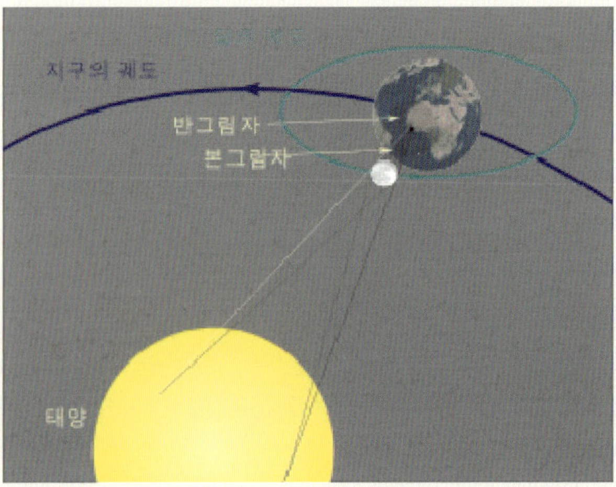

3 지구가 동글동글 - 아리스토텔레스

아리스토텔레스의 스승인 시칠리아의 엠페도클레스는 4개의 기본원소인 물, 불, 공기, 흙으로 물질이 이루어져 있다는 네 뿌리이론을 주장했다. 그는 다음과 같이 생각했다.

▶ 엠페도클레스

물질은 이들 4가지 기본원소들이 합쳐지거나 분리되어 만들어진다. 이들 원소는 사랑의 힘으로 합쳐지고 투쟁의 힘으로 분리된다. 태초에 우주에는 4가지 기본 원소들을 결합시키는 사랑이 지배적이지만 우주가 진화해 가면서 투쟁의 힘이 강해서 이들 기본원소들을 서로 밀치게 만들었다. 물질이 변하는 이유는 이들 4가지 기본원소의 비율이 달라지기 때문이다. 예를 들어 사람의 뼈는 불, 물, 흙이 4:2:2의 비로 이루어져있고 피와 살은 불, 공기, 물, 흙이 1:1:1:1의 비로 이루어져 있는데 이 비율이 달라지면 사람은 병에 걸리게 된다.

엠페도클레스의 네 뿌리 이론은 훗날 아리스토텔레스의 4원소설에 큰 영향을 주었다.

▶ 플라톤

아리스토텔레스의 철학스승인 플라톤은 피타고라스의 영향을 받아 기하학적인 모형을 중요시했다. 그는 신이 수학적 원리에 따라 우주를 만들었고 우주의 모든 천체들이 일정한 속력으로 원운동을 한다고 믿었다. 그는 원이야말로 가장 완전한 모양이므로 조물주가 이 형태를 택했다고 생각한 것이다.

기하학적인 아름다움을 좋아했던 플라톤은 엠페도클레스의 4원소를 가장 간단한 입체 모형으로 설명했다. 그는 4가지 기본원소를 정다면체라고 생각했는데, 불은 정사면체, 흙은 정육면체, 공기는 정팔면체, 물은 정이십면체 모양이라고 생각했다.

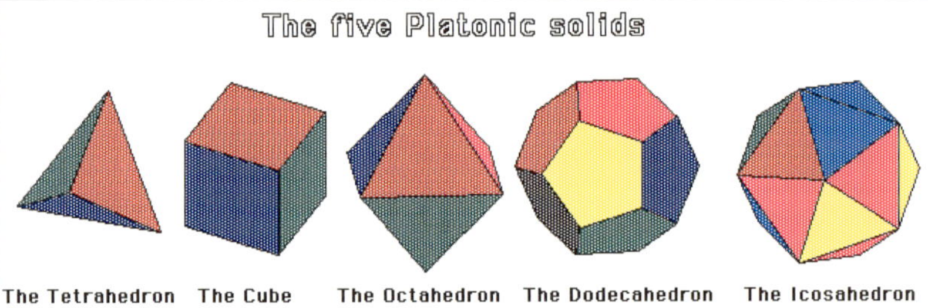

The five regular solids discovered by the Ancient Greek mathematicians are:

The **Tetrahedron**:	4 vertices	6 edges	4 faces	each with 3 sides
The **Cube**:	8 vertices	12 edges	6 faces	each with 4 sides
The **Octahedron**:	6 vertices	12 edges	8 faces	each with 3 sides
The **Dodecahedron**:	20 vertices	30 edges	12 faces	each with 5 sides
The **Icosahedron**:	12 vertices	30 edges	20 faces	each with 3 sides

The solids are regular because the same number of sides meet at the same angles at each vertex and identical polygons meet at the same angles at each edge.
These five are the only possible regular polyhedra.

▶ 플라톤의 4원소와 제5원소

플라톤의 생각을 요약하면 다음과 같다.

불은 정사면체의 모양이므로 가장 작고 날카로워 잘 움직인다. 물, 불, 공기는 모든 면이 삼각형이지만 흙만이 모든 면이 정삭각형이다. 그러므로 흙은 4개의 기본원소 중 가장 안정적인 형태이다. 정다면체에는 앞에서 얘기한 4가지 이외에 하나가 더 있는데 그건 바로 정십이면체이다. 그러므로 엠페도클레스가 얘기한 4개의 기본원소 외에 정십이면체의 모양을 가진 제5원소가 있어야한다. 하지만 제5원소가 무엇인지는 알려져 있지 않다.

원소들이 바뀌는 과정에 대해 설명해 보자. 모든 면이 정삼각형으로 이루어져 있는 물은 역시 정삼각형으로 이루어져 있는 공기나 불로 쉽게 변할 수 있다. 하지만 정사각형으로 이루어져 있는 흙으로는 변할 수 없다. 흙은 다른 원소들로 쉽게 바뀌지 않는 가장 안정된 원소이다.

▶ 아리스토텔레스 초상화

아리스토텔레스는 엠페도클레스가 주장한 4원소를 토대로 4원소설을 만들어 물질의 변화를 4개의 기본원소의 변화로 설명했다. 4원소들 사이의 관계를 그림으로 나타내면 다음과 같다.

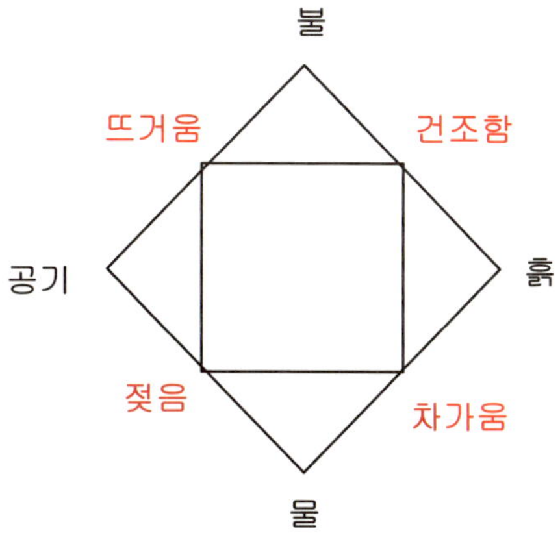

4원소설에 따르면 이 세상에는 차가움, 뜨거움, 건조함, 축축함의 4가지 성질이 있고 4개의 기본원소는 이 성질들 중 두 개씩을 지닌다. 따라

서 이들이 어떤 비율로 섞여 있는가에 따라 물질은 다른 성질을 지니게 된다. 아리스토텔레스의 생각을 요약하면 다음과 같다.

물은 차가운 성질과 축축한 성질을 가지고 있다. 이 중에서 축축한 성질이 건조한 성질로 변하면 흙의 성질을 띤 물이 되는 데 그것이 바로 얼음이다. 또 물을 데우면 수증기가 생기는데 그것은 물의 차가운 성질이 뜨거운 성질로 변해 공기의 성질을 띤 것이다.

아리스토텔레스는 자연 속에는 질서가 있다고 믿었다. 그는 물체의 여러 가지 운동을 조사하면 자연 속의 숨은 질서를 찾을 수 있다고 생각했다.

아리스토텔레스는 폭포의 물이 아래로 떨어지거나 연기가 위로 올라가는 것과 같은 운동을 관찰하여 운동에는 두 종류가 있다고 주장했다. 두 가지 운동 중 하나는 자연스러운 운동이고 다른 하나는 강제적인 운동이다.

자연스러운 운동은 고향을 찾아가는 운동이다. 뜨거운 성질을 가진 물질의 고향은 하늘이고 차가운 성질을 가진 물질의 고향은 땅이다. 그래서 차가운 성질을 가진 물과 흙은 아래로 떨어지고 뜨거운 성질을 가진 불과 공기는 위로 올라가는 것이다.

강제적인 운동은 무엇일까? 땅바닥에 떨어져 있는 돌멩이를 위로 들어 보자. 그것은 고향에 있는 돌멩이를 강제로 타향으로 보내는 운동이다. 이렇게 강제로 고향을 떠나게 하는 운동이 바로 강제적인 운동이다.

아리스토텔레스가 천문학에 끼친 영향을 살펴보자. 아리스토텔레스는 최초로 지구의 모양이 공모양이라고 주장한 사람이다.

아리스토텔레스는 어떻게 지구가 공모양이라는 것을 알았을까? 아리스토텔레스는 월식 때 달을 가리는 어두운 부분이 지구의 그림자라고 생각했다. 그 그림자의 경계선의 모양이 원의 모양이므로 지구의 모양은 둥그런 공모양일 거라고 생각했다.

▶ 월식 때 달의 모습

아리스토텔레스가 지구가 공모양이라고 생각하게 된 또 다른 증거가 있다. 수평선 너머로 배가 사라질 때 처음에는 선체가 사라지고 다음 돛이 그리고 마지막으로 돛대의 맨 꼭대기가 사라진다. 이것은 지구가 공처럼 둥글지 않고 평평하다면 있을 수 없는 일이다. 아리스토텔레스의 생각는 많은 추종자들의 지지를 받아 당시 사람들은 지구가 둥글다는 것에 이의를 제기하지 않았다.

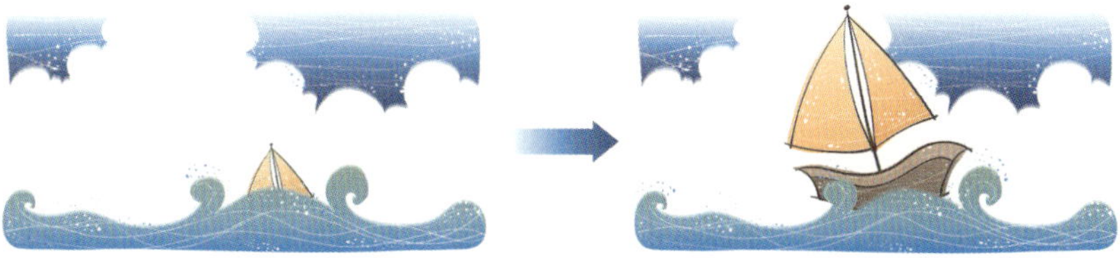

아리스토텔레스가 생각한 우주는 어떤 모습이었을까? 아리스토텔레스는 지구를 중심으로 하여 8개의 천체가 회전하는 모형이 우주라고 생

각했다. 이것을 구천설이라고 부른다. 구천설에 의하면 우주의 중심은 지구이며 지구를 중심으로 하여 달, 수성, 금성, 태양, 화성, 목성, 토성이 돌고 있고 그 바깥에 모든 별들이 놓여있는 천구가 있어 우주는 이들 아홉 개의 천체로 구성되어 있다.

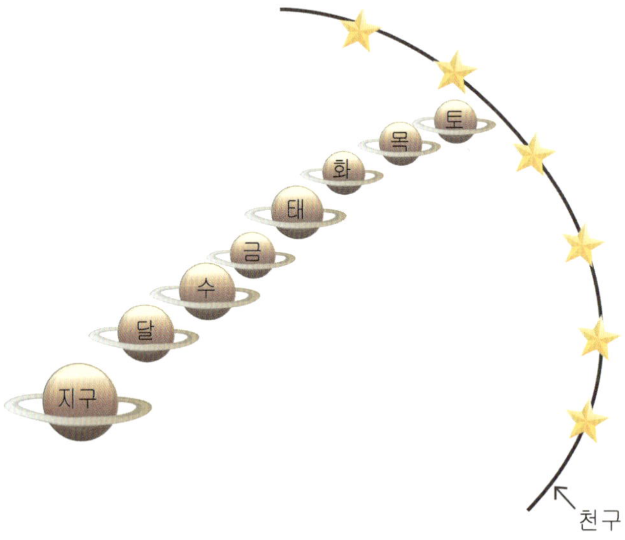

아리스토텔레스는 우주가 끝이 있고 그 끝은 천구라고 생각했는데 지구는 돌지 않고 단지 천구가 돌기 때문에 별자리가 움직이는 것으로 생각했다.

아리스토텔레스는 4원소 이외에 천체를 구성하는 제5원소를 주장했다. 제5원소는 천체의 영원한 운동을 설명하기 위해 도입했다. 그는 천체들의 운동이 변하지 않고 규칙적인 원운동을 하게 하는 제5원소가 있다고 생각했다.

아리스토텔레스는 우주를 천상계와 지상계로 나눠 지상계는 4원소로 이루어져 있고 천상계는 제5원소로 이루어져 있다고 생각했다. 그는 운동에는 직선운동과 원운동이 있는데 지상계의 물질들은 직선운동만을 할 수 있고 천상계의 물질들은 원운동만을 할 수 있다고 생각했다.

돌멩이를 던지면 올라갔다가 떨어지지만 달은 지구로 떨어지지 않는다. 그건 4원소는 끝이 있는 직선운동을 하게 하는 물질이고 제5원소는 끝없이 원운동을 하게 하는 물질이기 때문이다. 그래서 천상계의 천체들이 지구에 떨어지지 않고 영원한 원운동을 할 수 있는 것이다.

천구 바깥에 물질이 없다는 주장은 원자론으로 유명한 데모크리토스에 의해 이루어 졌다. 그는 항성천 바깥은 아무 것도 없는 진공의 상태라고 생각했다.

창작수업

1) 인터넷에서 아리스토텔레스에 관한 자료를 조사해 그의 전기를 써보자.

활동수업

1) 아리스토텔레스의 강제적 운동과 자연스러운 운동의 예를 일상생활에서 들어보자.

2) 뤽베송 감독의 영화 〈제5원소〉를 보고 아리스토텔레스의 4원소설과 관련된 내용을 요약해 보자.

과학서술수업

1) 아리스토텔레스의 이론에 의하면 우주를 떠돌아다니는 소행성은 어떤 원소로 이루어져 있는가?

답 아리스토텔레스는 지구만이 사 원소로 이루어져 있고 우주를 이루는 그 외의 모든 것들은 제5원소로 이루어져 있다고 생각했다. 그러므로 그의 주장에 따르면 우주에 떠돌아다니는 소행성은 제5원소로 이루어져 있다.

2) 지구가 공 모양이라는 증거를 찾아보자.

답 월식 때 달에 비친 지구의 그림자가 둥글다는 것이나 항구로 들어오는 배가 돛대부터 보인다든가 높은 곳으로 올라갈수록 시야가 넓어진다든가, 한 방향으로 계속 여행하면 다시 제자리로 돌아온다는 것이 지구가 둥글다는 증거이다.

02

아리스토텔레스와 생각이 달랐던 과학자

1 우주엔 물질이 있는 곳과 없는 곳이 섞여 있어 - 데모크리토스

그리스 시대의 모든 물리학자들이 4원소설을 지지한 것은 아니었다. 소아시아의 클라조메네의 아낙사고라스는 4개의 기본원소로 지구에 있는 모든 물질이 이루어졌다고 생각하기보다는 눈에 보이지 않는 아주 작은 알갱이들로 물질이 이루어졌다고 주장했다. 아낙사고라스는 이것을 누스(Nus)라고 불렀다.

▶ 아낙사고라스

아낙사고라스는 달이 태양의 빛을 반사해 빛을 내는 것을 처음으로 알아냈다. 또한 그는 태양이 신이 아니라 백열상태로 빛나고 있는 돌멩이에 불과하다고 주장했다. 이 언급으로 인해 그는 신에 대한 불경죄로 재판을 받았다. 그와 친구 사이였던 아테네의 지도자 페리클레스가 그의 변호 연설을 해주었지만 결국 그는 이 죄로 아테네에서 추방되어 람프사

코스에서 갇혀 지내게 되었다.

아낙사고라스는 우주가 누스로부터 만들어진다고 생각했다. 누스는 회전하면서 서로 섞이는 데 이 때 비슷한 종류의 누스들끼리 서로 끌어당기는 힘이 작용하여 커다랗게 변한다는 것이다. 예를 들어 밤은 어둠의 누스들이 모여 만들어지고 바다는 액체의 누스들이 모여서 만들어진다는 것이다.

아낙사고라스의 생각은 곧바로 레우키포스에게 이어졌다. 레우키포스는 우주는 진공과 충만으로 나눌 수 있으며 진공이란 눈에 보이는 물질이 없는 부분을 충만이란 눈에 보이는 물질이 있는 부분을 나타낸다고 주장했다.

레우키포스는 4원소설처럼 물질들이 어떤 힘에 의해 결합되고 분리되는 것이 아니라 처음부터 진공 속에 눈에 보이지 않는 아주 작은 알갱이들이 있었고 이들이 서로 부딪치면서 소용돌이를 치면서 우리의 눈에 보이는 물질들이 만들어 졌다고 생각했다.

▶ 레우키포스 초상화

레우키포스는 원자론의 창시자인 데모크리토스의 스승이라는 것만 알려져 있을 뿐 그에 관해서는 별로 알려진 것이 없다. 하지만 비록 그가 원자라는 단어는 사용하지 않았지만 원자에 대한 생각을 처음 가졌으므로 그를 원자론의 창시자로 생각할 수 있다.

레우키포스의 생각은 그의 제자인 데모크리토스에 이어졌다. 그는 레우키포스가 생각한 눈에 보이지 않는 작은 알갱이를 '더 이상 쪼갤 수 없는 것'이라는 뜻을 가진 원자(atom)라고 불렀다. 즉, 원자들이 모여서 눈에 보이는 물질을 만들어 내는 것이다.

▶ 데모크리토스

4원소설과 데모크리토스의 원자는 어떤 차이가 있을까? 4원소설에 따르면 물질을 쪼개고 쪼개면 물질의 기본원소들이 점점 줄어들게 되어 결국에는 아무 것도 남지 않는다. 하지만 데모크리토스는 물질을 쪼개고 쪼개면 더 이상 쪼갤 수 없는 가장 작은 알갱이가 되고 그 알갱이는 더 이상 작게 쪼개지지 않는다고 생각했다. 이 가장 작은 알갱이가 바로 물질을 이루는 기본요소인 원자이다.

데모크리토스의 원자설에 따르면 모든 물질은 아주 작은, 무한히 많은 원자로 이루어져 있으며 이 원자들은 진공 중에서 계속해서 움직인다. 또한 원자들은 서로 다른 크기와 서로 다른 모양으로 무한히 오래 전부터 존재했던 것이며 원자들은 모양과 위치에 따라 성질이 달라진다.

데모크리토스는 진공 속의 원자의 운동은 영원히 계속되며 운동에는 직선운동, 원운동, 소용돌이운동이 있다고 생각했다. 이때 가벼운 원자는 바깥으로, 무거운 원자는 안쪽으로 몰려드는 데, 안쪽으로 몰려든 무거운 원자들은 땅과 물을 이루게 되고 바깥으로 밀려나는 것은 공기, 불, 하늘을 이룬다고 생각했다.

데모크리토스는 우주가 원자로 인해 만들어졌다고 생각했다. 원자는 원래 모든 방향으로 움직이고 있었으므로 원자들 사이에는 충돌이 일어났고, 특히 회전운동으로 말미암아 비슷한 원자들이 서로 결합함으로써 큰 덩어리의 물질과 세계들이 생겨났다는 것이다. 더구나 원자의 수와 공간의 부피가 무한하고 운동은 처음부터 항상 존재해왔기 때문에 우주에는 항상 무수히 많은 세계가 존재해왔다고 생각했다. 그는 이렇게 만들어진 무수히 많은 세계가 진화의 단계만 다를 뿐 모두 비슷한 원자들로 구성되어 있다고 생각했다.

과학서술수업

1) 레우키포스의 생각에 의하면 밤하늘의 별들은 진공인가? 충만인가?

답 레우키포스는 우리 눈에 보이는 물질이 있는 부분을 충만이라고 했다. 밤하늘의 별은 우리 눈에 보이므로 충만이다.

2) 태양이 없다면 우리는 달을 볼 수 있을까?

답 볼 수 없다. 달은 스스로 빛을 내는 것이 아니라 태양 빛을 반사시켜 우리 눈에 보이기 때문에 태양이 없다면 달은 보이지 않는다.

2 지구가 움직인다고? - 아리스타르코스

▶ 피타고라스

고대 그리스에도 지구가 정지해 있지 않고 움직이고 있다고 주장한 학자들이 있었다. 그 대표적인 사람으로는 피타고라스 정리로 유명한 피타고라스이다. 피타고라스가 생각한 우주의 모양은 우주의 중심에 '중심의 불'이라고 부르는 불덩어리가 있고 그 주위를 지구, 달, 태양, 수성, 금성, 화성, 목성, 토성이 차례로 돌고 있는 모형이다.

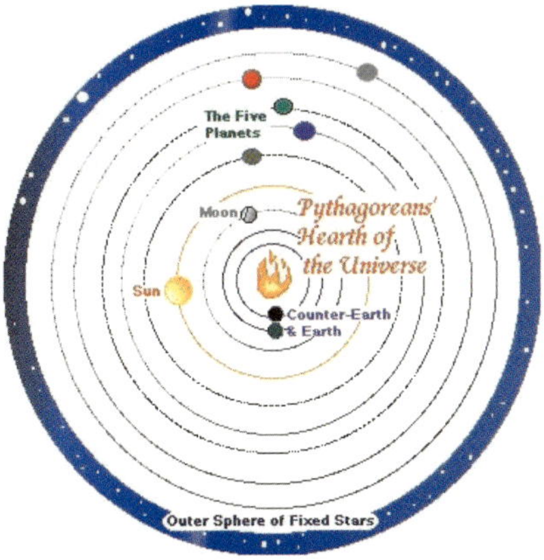

피타고라스의 우주 모형에서 중심의 불을 태양으로 바꾸면 코페르니쿠스의 우주모형과 완전히 일치하게 된다. 또한 그는 지구를 포함한 모든 천체가 공 모양이라고 주장했고 공 모양의 우주의 밖을 무한대 -무한히 큰 수- 의 세계로 정의했다.

피타고라스의 우주 모형은 훗날 아리스타르코스에 의해 계승되었다. 아리스타르코스는 태양이 우주 중심에 정지해있고 그 주위를 지구를 포함한 여섯 개의 행성이 돌고 있으며 별은 너무 멀리 떨어져있어 한 점으로 보인다고 생각했다. 게다가 그는 지구가 축을 중심으로 자전운동을 한다는 것과 지구와 달 사이의 거리를 알아냈다. 그러나 그리스 시대는 아리스토텔레스의 천동설이 지배적인 이론이었기 때문에 아리스타르코스의 생각은 무시된 편이었다.

▶ 아리스타르코스

한편 히파르코스는 로도스 섬에 관측소를 만들어 별들을 관측했다. 훗날 로마 시대에 사용된 1022개의 별들 중 850개를 그가 발견했다고 전해진다. 그는 별을 밝기에 따라 1등성부터 6등성까지로 구분했는데 가장 밝은 별을 1등성이라고 하고 눈에 겨우 보이는 별을 6등성으로 정의했다.

히파르코스 이후, 거의 2천년 동안 1등성이 2등성보다 얼마나 더 밝은 것인지에 대해서는 제대로 알려지지 않았다. 1865년 영국의 천문학자 포그슨은 처음으로 히파르코스가 정한 1등급의 별이 6등급의 별에 비해 약 백 배 밝다는 것을 알아냈다. 즉 다섯 등급의 차이가 백배의 밝기를 가지므로 한 등급 차이는 약 2.512배의 밝기 차이가 난다.

히파르코스가 나눈 별의 등급은 우리가 보는 별의 겉보기 등급이다. 별까지의 거리는 모두 같지 않으므로 실제로 아주 밝은 별이라도 멀리 떨어져 있으면 어두운 별로 보인다. 즉 겉보기 등급으로는 별의 실제 밝기를 알 수 없다. 이런 필요에서 절대등급이 도입되었다. 절대등급은 모든 별을 같은 거리에 놓았을 때 보이는 밝기이다. 예를 들어, 태양은 절대등급으로 보면 4.86등급의 아주 평범한 밝기를 지닌 별이지만 지구에 워낙 가까이 있기 때문에 겉보기 등급은 −26등급이다. 여기서 음수는 0등급보다 밝은 별들의 등급을 나타낼 때 사용한다.

▶ 히파르코스

창작수업

1) 인터넷에서 피타고라스에 대해 알려진 자료를 찾아서 그의 전기를 써보자.

활동수업

1) 피타고라스의 정리가 무엇인지 알아보자.

과학서술수업

1) 지구는 한 시간 동안 몇° 회전 하는가?

답 지구는 24시간 동안에 한 바퀴 돈다. 한 바퀴는 360°이므로 한 시간 동안에는 15° 회전한다.

2) 지구 자전에 의해 나타나는 현상에는 어떤 것이 있을까?

답 지구가 서쪽에서 동쪽으로 자전하기 때문에 별들이 북극성을 중심으로 동쪽에서 서쪽으로 움직이는 것처럼 보이는 현상, 태양이 동쪽에서 떠서 서쪽으로 지는 것처럼 보이는 현상, 낮과 밤이 주기적으로 반복되는 현상 등이 지구 자전 때문에 나타나는 현상이다.

3) 5등급의 별보다 100배 밝은 별은 몇 등급인가?

답 1등급의 별이 6등급의 별보다 100배 밝으므로 5등급의 별보다 100배 밝은 별은 0등급이다.

영재 페이지

아리스타르코스가 지구와 달 사이의 거리와 지구와 태양 사이의 거리의 비를 알아낸 방법

아리스타르코스는 지구와 태양사이의 거리가 지구와 달 사이의 거리의 약 19배가 된다고 주장했다. 그가 어떻게 이런 결론을 내렸는지 수학적으로 살펴보자. 그가 사용한 방법은 매우 간단했다. 태양과 반달이 하늘에 동시에 나타날 때(상현달은 정오를 넘긴 오후에 해와 함께 볼 수 있고, 하현달은 오전에 해와 함께 볼 수 있다) 달을 유심히 보자. 달이 빛나는 것은 태양 빛을 반사하기 때문이라는 사실을 기억해 보면 둥근 달의 반을 나누는 경계선과 수직 방향에 태양이 있다는 것을 알 수 있다. 그것을 바라보는 관측자가 지구에 있다는 것을 고려하면 지구와 달, 태양이 직각 삼각형이 된다.

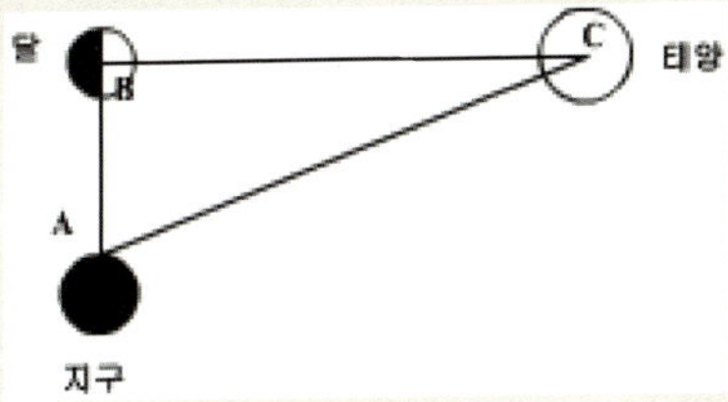

이 때 $\angle BAC = \theta$라고 하면 각 B가 직각이므로

$$\cos\theta = \frac{\overline{AC}}{\overline{AB}}$$

이다. $\overline{AB}$는 지구와 달 사이의 거리이고, $\overline{AC}$는 지구와 태양 사이의 거리이므로 θ를 알면 두 거리의 비를 알 수 있다. 아리스타르코스의 관측에 의하면 $\theta = 87^\circ$ 였다. 이 값을 위 식에 대입하면

$$\overline{AC} \cong 19 \times \overline{AB}$$

가 된다.

하지만 아리스타르코스의 관측은 정확하지 않았다. 실제로 지구와 태양사이의 거리는 지구와 달까지의 거리의 약 400배 정도이다.

3 지구는 얼마나 클까? - 에라토스테네스

▶ 에라토스테네스

고대 그리스 시대에 있어서 중요한 사건은 기원전 265년 에라토스테네스가 지구의 반지름을 최초로 계산한 사건이었다.

알렉산드리아의 도서관장이었던 에라토스테네스는 소수를 쉽게 찾아낼 수 있는 방법인 '에라토스테네스의 체'로 유명한 수학자이자 과학자이다.

알렉산드리아에서 남동쪽으로 925km 떨어진, 시에네(현재의 아스완)에서 하지 날 정오에 태양 광선이 수직으로 비추고 알렉산드리아에서는 태

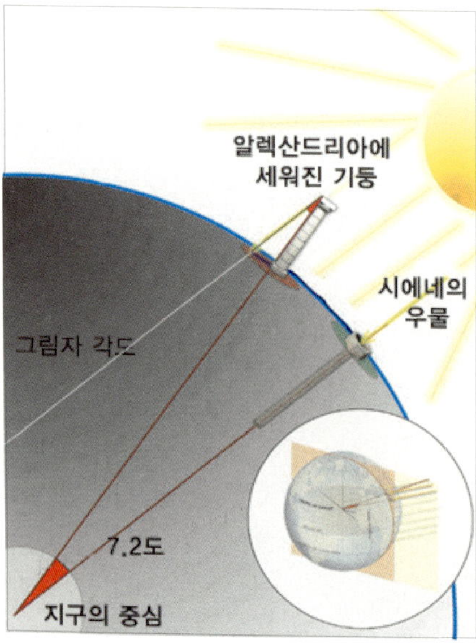

양 광선이 7.2° 비스듬히 비춘다는 사실을 이용하여 지구의 둘레를 측정했다.

이제 에라토스테네스가 어떻게 지구의 반지름을 측정했는지 수학적으로 알아보자.

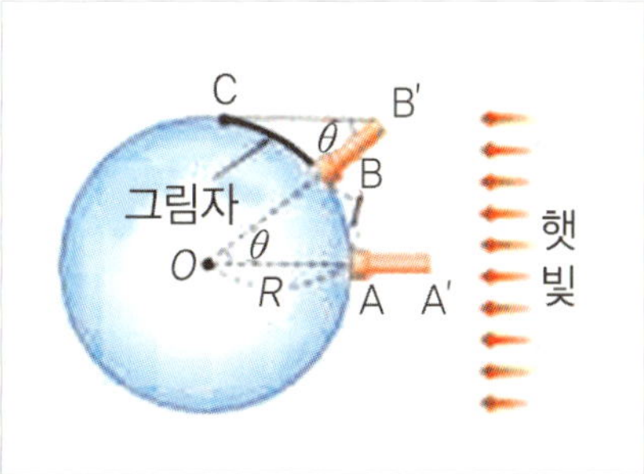

A를 시에네라고 하고, B를 알렉산드리아라고 하자. 에라토스테네스는 다음과 같은 두 가지 중요한 가정을 세웠다.

> 첫째, 지구는 완정한 공 모양이다.
> 둘째, 지구로 들어오는 태양광선은 평행하다.

막대 AA′은 그림자가 생기지 않도록 햇빛과 나란히 세우고, 막대 BB'는 막대 AA′와 같은 경도에 놓이도록 세운다. ∠BB′C = θ라고 하면 ∠BOA는 ∠BB′C와 엇각이기 때문에 같다. 그러므로 ∠BOA = θ이다.

이 때 부채꼴 BOA의 중심각 ∠BOA에 대응되는 부채꼴의 호의 길이는 호 AB의 길이인 l이다. 부채꼴의 호의 길이는 중심각에 비례하고 원둘레의 길이는 중심각이 360°이므로 지구의 반지름을 R이라고 하면 다음과 같은 비례식을 세울 수 있다.

$$\theta : l = 360^\circ : 2\times\pi\times R$$

여기서 R을 구하면

$$R = \frac{180^\circ \times l}{\pi\times\theta}$$

가 된다. 여기에 에라토스테네스의 실험값인 $\theta = 7.2^\circ$, $l = 925\text{km}$를 넣으면

$$R = 39690km$$

가 된다. 이것은 지구의 실제 반지름보다 430 km 정도 작은 값이지만 당시의 측정수준으로 보면 거의 완벽한 측정을 했다고 볼 수 있다.

활동수업

1) 에라토스테네스의 체에 대해 조사해 보자.

2) 소수란 무엇인지 알아보자.

3) 알렉산드리아에 대해 조사해 보자.

과학서술수업

1) 중심각이 $30°$이고 반지름이 6cm인 부채꼴의 호의 길이를 구하라.

답 부채꼴의 호의 길이를 l이라고 하면

$$30° : l = 360° : 2 \times 3.14 \times 6$$

이므로 여기서 l을 구하면 $l = 3.14(\text{cm})$이다.

03

천동설과 지동설의 빅 매치

1 우주에서 지구가 중심이 되는 게 당연하지 - 프톨레마이오스

▶ 프톨레마이오스

지구 중심설의 가장 완성된 우주 모형은 프톨레마이오스에 의해 제기되었다. 알렉산드리아에서 활동하던 프톨레마이오스에 대해서는 〈알마게스트〉를 비롯한 그의 저서들을 제외하고는 별로 알려진 바가 없다. 다만 그가 서기 1세기 말에 태어나서 2세기에 주로 천문 관측을 한 것으로 알려져 있다.

프톨레마이오스는 천문학의 고전으로 일컬어지는 자신의 저서 〈알마게스트〉에서 별의 운동에 다섯 가지의 기본원리가 있다고 주장했는데 그 내용은 다음과 같다.

1. 천구는 공 모양이며 공처럼 자전한다.

2. 지구는 공 모양이다.

3. 지구는 천구의 중심에 위치한다.

4. 지구에서 천구까지의 거리는 굉장히 멀다.

5. 지구는 조금도 움직이지 않는다.

〈알마게스트〉는 17세기 초반까지 아라비아와 유럽의 천문학자들에게 교과서처럼 사용되었다. 알마게스트는 '위대한 책'이라는 뜻인데 827년에 아라비아어로 처음 번역되었고 12세기 후반에 라틴어로 다시 번역되어 많은 유럽천문학자들이 읽었다.

이 책은 13권으로 이루어져 있다. 제1권은 전체적인 개론으로 프톨레마이오스의 천동설에 따른 태양계에 대한 내용을 담고 있고, 제2권은 삼각법에 대한 내용을 담고 있다. 제3권에서는 태양의 운동과 1년의 길이에 대한 내용이 제4권과 제5권에서는 달의 운동과 한 달에 대한 내용이 제5권에서는 지구와 태양 및 달과의 거리에 대한 내용을 담고 있다. 제6권에서는 일식과 월식에 대한 내용이 들어 있고 제7권과 제8권에는 1,022개의 별의 등급에 대한 내용이 들어 있다. 그리고 9권부터 13권까지의 다섯 권에서는 제1권에서 다루었던 천동설에 대해 보다 자세한 내용을 다루고 있다.

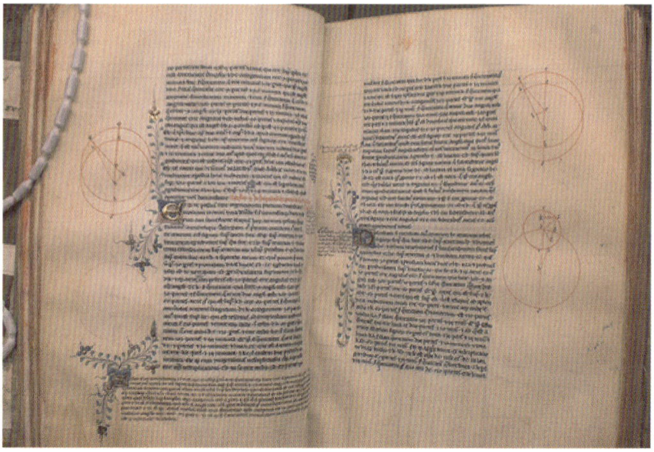

▶ 알마게스트

프톨레마이오스가 우주 모형을 발표하기 전에는 아리스토텔레스의 우주 모형이 진리로 여겨졌다. 아리스토텔레스의 우주 모형은 지구를 중심이로 태양과 달과 행성들이 동심원을 그리며 공전하는 모형이다. 동심원이란 중심이 같지만 반지름이 다른 원들을 말한다. 하지만 이 모형으로는 설명할 수 없는 두 가지 관측 사실이 알려지는 데 그 내용은 다음과 같았다.

첫째, 화성을 관찰해보면 화성의 앞으로 갔다 뒤로 갔다 하는 역행 운동이 관측된다.

둘째, 행성의 밝기가 달라진다.

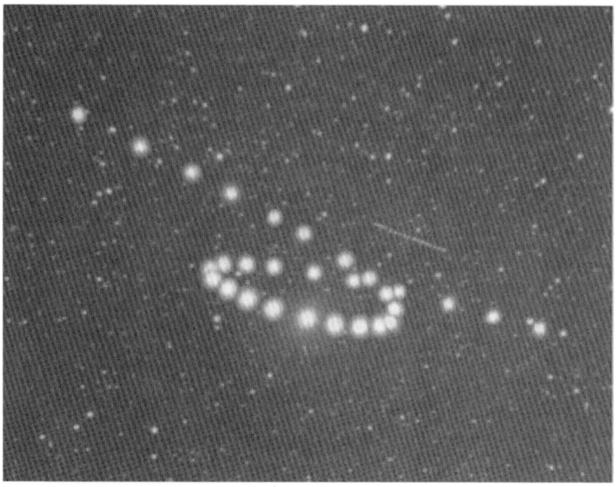

▶ 화성의 역행운동

첫 번째 문제를 해결하기 위해서 프톨레마이오스는 고대 그리스의 수학자 아폴로니우스가 고안하고 히파르코스가 발전시킨 주전원의 개념을 우주 모형에 도입했다. 주전원이란 지구를 중심으로 하는 행성의 원 궤도에 중심을 가진 또 하나의 원을 말한다.

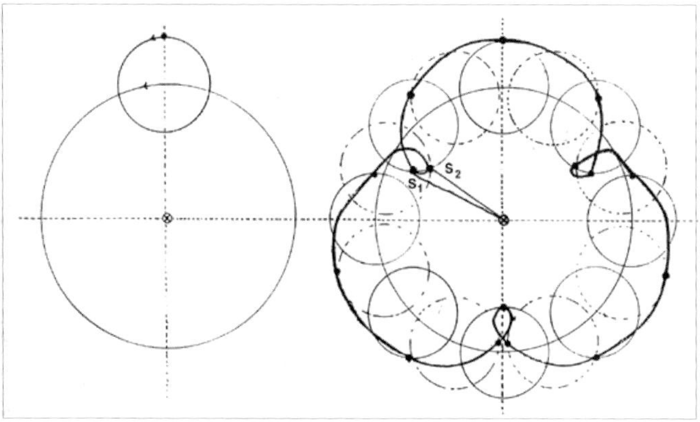

▶ 주전원과 행성의 겉보기 운동

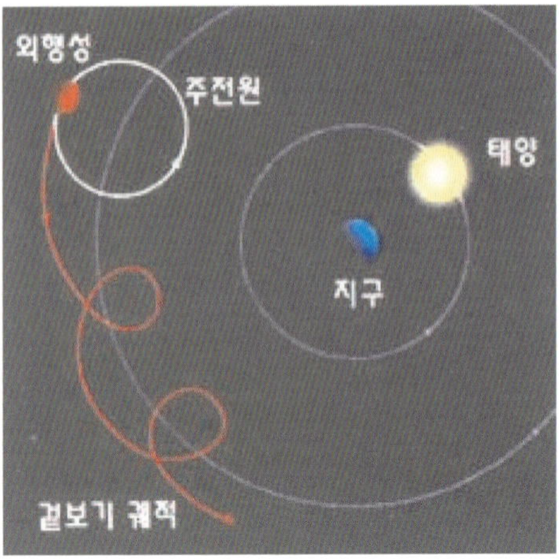

▶ 주전원과 행성이 겉보기 운동

행성이 주전원을 따라 돌고 주전원의 중심이 지구를 중심으로 하는 원 궤도를 따라 도는 데 두 회전방향이 같으면 지구에서 보는 행성의 겉보기 궤적 앞으로 갔다 뒤로 갔다 하면서 지구를 한 바퀴 도는 복잡한 운동을 하게 된다. 그러므로 화성의 역행운동이 해결된다.

하지만 이 방법으로 행성의 밝기가 달라지는 이유는 밝힐 수 없었다. 그래서 프톨레마이오스는 지구가 행성들이 도는 원궤도의 중심에서 약간 비껴난 곳에 있다고 주장했다.

다음 그림에서 붉은 점은 주전원위를 돌고 있는 행성을 나타내고, 푸른 공은 지구를 나타내고 X라고 표시된 점은 행성의 원궤도의 중심을 나타낸다. 위 그림처럼 지구가 행성의 원궤도에서 조금 비껴나 있으면 행성이 지구 주위를 한 바퀴 도는 동안 지구와 행성 사이의 거리가 달라지기 때문에 행성의 밝기 변화를 설명할 수 있다. 즉, 행성이 지구와 가까울 때는 밝아졌다가 지구에서 멀어지면 어두워지는 것이다.

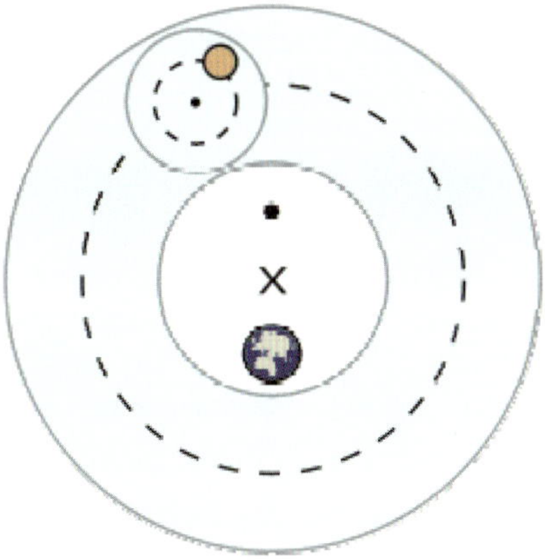

▶ 프톨레마이오스의 우주

그런데 문제는 관찰된 행성들의 운동을 모두 제대로 설명하자면 단 하나의 주전원 도입으로 가능하지가 않았다. 결국 프톨레마이오스는 여러 겹의 주전원을 도입해 행성들의 운동을 그럴듯하게 설명할 수가 있었다. 프톨레마이오스의 우주 모형에 등장한 주전원의 개수는 80여개 정도나 되었다.

12세기까지는 로마 교황청이 프톨레마이오스의 천동설을 공식적인 우주 모형으로 인정했기 때문에 지구 중심설에 도전한다는 것은 감히 상상조차도 할 수 없는 일이 되었다.

프톨레마이오스는 천문학 외에도 여러 방면에 관심이 많았다. 그는 점성술에 관한 책과 해시계의 원리에 관한 책도 썼으며 빛의 굴절현상에 대한 연구도 했다. 또한 그는 지리학에도 관심이 많아서 세계지도를 직접 제작하기 까지 했다.

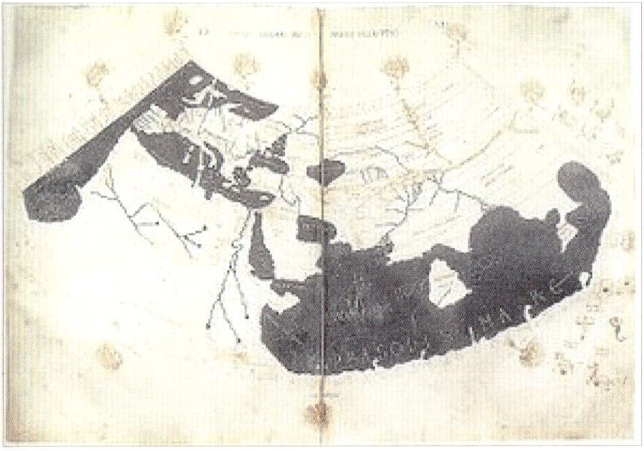

▶ 프톨레마이오스의 세계지도

그리스 최후의 과학자라고 할 수 있는 프톨레마이오스가 천동설을 발표한 후 시작된 물리학의 암흑기는 1543년 코페르니쿠스의 지동설이 세상에 나올 때까지 1500여년이라는 긴 세월 동안 지속되었다. 로마교황청의 강력한 지원을 받는 천동설이 아주 오랜 세월동안 지배했고 로마교황청의 종교재판이 두려워 물리학자들은 새로운 이론은 내는 것을 극도로 꺼려했다.

활동수업

1) 일년의 길이를 365일로 정한 이유를 인터넷에서 찾아 정리해 보자.

2) 프톨레마이오스의 우주 모형과 아리스토텔레스의 우주모형의 차이점을 정리해 보자.

3) 빛의 굴절의 예에 대해 조사해 보자.

과학서술수업

1) 프톨레마이오스 우주 모형에서 행성이 주전원을 따라 도는 방향과 주전원의 중심이 지구를 중심으로 도는 방향이 반대이면 역행운동이 일어날까?

답 역행운동이 일어나지 않고 타원 궤도를 그리게 된다.

2 우주의 중심은 태양이어야 해 - 코페르니쿠스

▶ 코페르니쿠스

13세기에 시작된 르네상스는 중세의 암흑시대의 종말을 예고하고 그리스 시대처럼 다시 활발한 자연 탐구가 시작되었다. 이 때 천 년 넘게 사람들의 믿음을 얻었던 천동설에 대한 혁명을 일으킨 물리학자가 바로 코페르니쿠스이다.

코페르니쿠스는 1473년 폴란드의 토론에서 태어났다. 코페르니쿠스의 아버지는 부유한 상인이었고 어머니 역시 부유한 집안의 출신이어서 그는 어릴 때부터 공부에만 전념할 수 있었다.

코페르니쿠스는 열 살이 되던 해 아버지가 돌아가시고 어머니와 함께 외삼촌인 루카스의 집에서 살게 되었다. 루카스는 엄격하고 까다로웠지만 성실하고 공부하기를 좋아하는 코페르니쿠스는 외삼촌의 사랑을 독차지했다.

▶ 코페르니쿠스의 외삼촌 루카스

코페르니쿠스는 1491년 폴란드 크라코프의 자기엘로니안 대학에서 공부하면서 천문학에 관심을 가지기 시작했다. 그러던 어느 날 당시 바르미아의 주교인 외삼촌이 그를 발트 해 연안에 있는 푸라우엔부르크 성당 일은 돕는 참사원에 지명하여 대학을 떠나게 되었다. 그러나 외삼촌의 지명에도 불구하고 코페르니쿠스는 참사원에 임명되지 못했다.

1496년 코페르니쿠스는 법률을 공부하기 위해 이탈리아 볼로냐 대학을 다녔다. 하지만 그는 법률 공부보다는 천문학에 더 관심이 많았다. 그는 이 시기에 그리스 시대의 많은 철학자들의 천문학에 대해 공부할 기회를 가지게 되었다.

그리스 시대에는 아리스토텔레스를 비롯한 대부분의 천문학자들이 지구가 우주의 중심에 있고 그 주위를 태양과 다른 행성들이 돌고 있다는 천동설을 지지하고 있었다. 이러한 지구 중심의 우주 모형은 프톨레마이오스에 의해 집대성되었다. 하지만 놀랍게도 그 당시에 지구가 태양 주위를 돌고 있다고 주장한 천문학자들도 있었는데 아리스타르코스가 그 대표적인 사람이었다.

코페르니쿠스는 많은 사람들에게 천문학에 대한 강의를 했다. 그리고 그의 강의는 재미가 있어 사람들에게 매우 인기 있는 강의가 되었다. 하지만 1501년 외삼촌이 그를 프롬보르크의 참사원으로 임명하여 폴란드로 되돌아갈 수 밖에 없었다. 하지만 천문학에 대한 열정을 버릴 수 없어 그 해 그는 휴가를 내고 이탈리아의 파두아 대학에서 다시 공부를 했다.

외국에서 공부하는 동안 자주 고국에 들르기도 했던 코페르니쿠스는 1512년 주교였던 외삼촌이 죽자, 조국 폴란드로 돌아가 성당 일을 돕는 한편, 성당 옥상에 관측 시설을 설치해서 천문학 연구를 계속했다.

코페르니쿠스는 그리스 시대의 문헌들을 토대로 별들의 위치나 행성들의 운동을 관찰했다. 당시는 망원경이 아직 발명되지 않은 시대였으므로 그냥 눈으로 행성들의 움직임을 관찰했다. 하지만 천동설에 의해 계산된 별의 위치와 그가 관측한 위치가 조금씩 달랐다. 그는 용기를 내어 천동설을 버리고 태양을 중심으로 행성들이 돈다고 가정하고 다시 계산해 보았다. 그랬더니 정확하게 행성의 위치가 일치했다.

뿐만 아니라 천동설은 지구에서 관찰할 때 화성이나 목성 같은 행성들이 거꾸로 도는 것을 설명하기 위해 엄청나게 많은 주전원을 도입해야 했고 이로 인해 행성의 궤도는 복잡할 수 밖에 없었다. 하지만 태양이 중심에 있고 그 주위를 지구를 비롯한 행성들이 돈다고 가정하면 프톨레마이오스가 도입한 주전원이 더 이상 필요하지 않았다.

행성들은 대개 서에서 동으로 도는데 가끔씩 화성이 동에서 서로 도는 현상이 관측되기도 한다. 그는 태양 중심의 우주 모형을 세우고 이러한 현상은 행성과 태양과의 거리가 다르고 지구가 먼 거리에 있는 행성보다 더 빨리 태양 주위를 돌기 때문에 행성이 거꾸로 도는 것처럼 보인다고 믿었다.

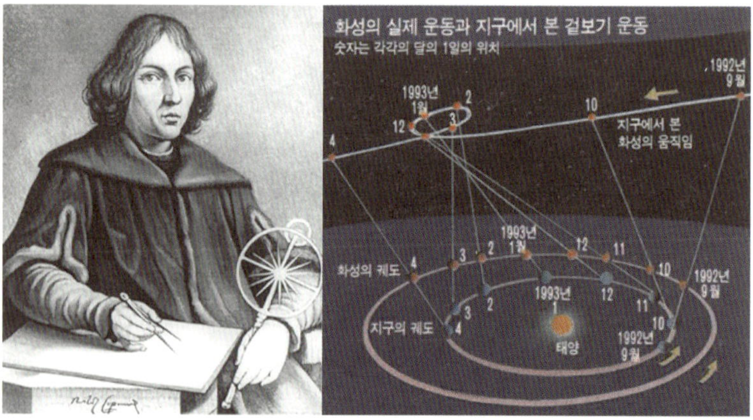

▶ 코페르니쿠스의 화성의 역행운동 해결

또한 코페르니쿠스는 금성의 모양 변화를 자세히 관측함으로써 천동설로는 금성의 모양 변화를 제대로 설명할 수 없다는 것을 알아냈다. 금성은 달처럼 초승달, 반달, 보름달처럼 변하는 데 천동설로는 금성이 반달이나 보름달처럼 관측되는 것을 설명할 수 없었다. 하지만 지동설로는 금성이 지구 주위를 돌기 때문에 초승달 모양 뿐 아니라 반달이나 보름달 모양의 금성이 관측되는 것도 설명할 수 있었다.

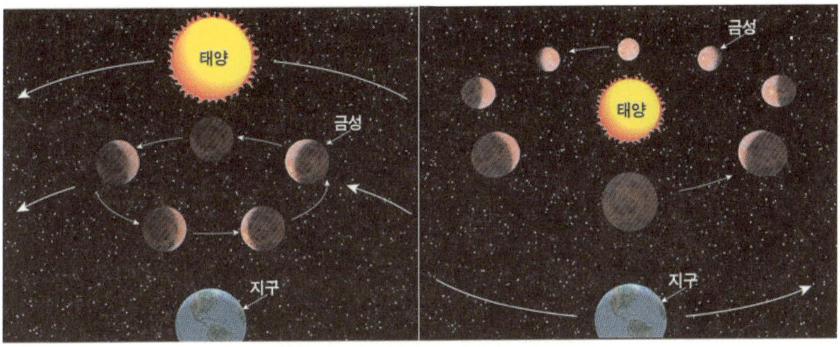

▶ 천동설과 지동설의 입장에서 본 금성의 운동

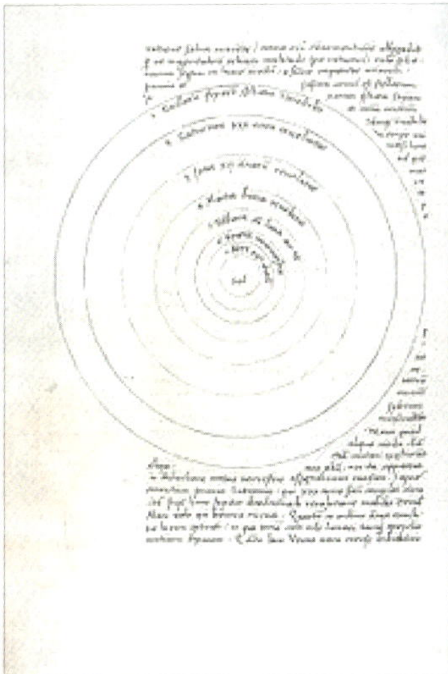

▶ 지동설에 관한 코페르니쿠스의 원고

코페르니쿠스가 36살 되던 해인 1514년 그는 지동설에 관한 내용을 담은 〈천체의 운동과 그 배열에 관한 주해서〉라는 논문을 출판하여 일부 천문학자들에게 나누어주었다. 이 논문에서 그는 지구가 태양의 주위를 돌고 있다는 것과 지구가 자신의 축 둘레로 하루에 한 번 자전한다는 것을 밝혔다.

코페르니쿠스는 이 논문을 통해 당시 대부분의 사람들이 믿고 있던 우주의 크기를 확장시켰다. 천동설에 따라 지구가 우주의 중심으로 정지해 있고 다른 천체들이 회전하는 것이라면 우주의 크기가 그리 클 필요가 없었다. 하지만 지동설대로라면 상황은 달라진다. 우주의 중심에 태양이 있고 지구를 비롯한 다른 행성들이 태양으로부터 멀리 떨어진 곳을 회전하므로 우주의 크기는 훨씬 더 커져야했다.

그는 자신의 논문을 보완하여 책으로 만드는 작업에 뛰어 들었다. 물론 그 책은 《천체의 회전에 관하여》라는 책이다. 그는 이 책의 원고를 1530년에 완성할 수 있었다.

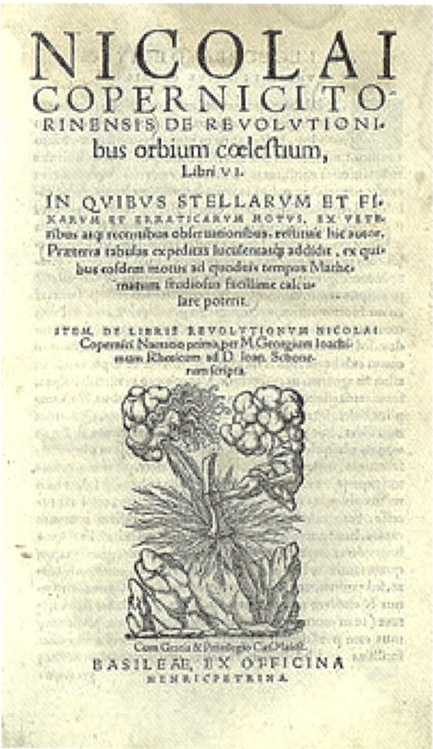
NICOLAI
COPERNICI TO-
RINENSIS DE REVOLVTIONI-
bus orbium cœlestium,
Libri VI.
IN QVIBVS STELLARVM ET FI-
XARVM ET ERRATICARVM MOTVS, EX VETE-
ribus atq; recentibus obseruationibus, restituit hic autor.
Præterea tabulas expeditas luculentasq; addidit, ex qui-
bus eosdem motus ad quodvis tempus Mathe-
matum studiosus facillime calcu-
lare poterit.
ITEM, DE LIBRIS REVOLVTIONVM NICOLAI
Copernici Narratio prima, per M. Georgium Ioachi-
mum Rheticum ad D. Ioan. Schone-
rum scripta.
Cum Gratia & Privilegio Cæs. Maiest.
BASILEAE, EX OFFICINA
HENRICPETRINA.

▶ ≪천체의 회전에 관하여≫의 표지

《천체의 회전에 관하여》는 천문학에 대한 혁명을 일으킨 책이다. 이 책에서 그는 지동설의 모든 것에 대해 설명했다. 즉, 지구를 포함한 다른 행성들이 태양을 주위로 빙글빙글 돌고 있는 우주를 설계했다. 당시의 상황으로 보아 지구가 아닌 다른 천체가 우주의 중심이라는 주장을 펼치는 것은 목숨을 내건 모험이나 다름이 없었다.

이 책에서는 지구가 팽이처럼 세차운동을 하는 것을 지동설로 설명했다. 지구의 자전축이 지구가 태양주위를 도는 면(공전궤도면)과 수직이 아니라 조금 기울어져 있는데 지구의 자전축이 공전 면에 수직인 축 주위를 빙글빙글 도는 운동을 지구 자전축의 세차운동이라고 한다. 마치 기울어져 돌고 있는 팽이의 축이 지면에 수직인 축 주위를 빙글빙글 도는 것과 같은 운동이다. 이러한 지구의 세차운동 역시 지구가 중심에 있다는 천동설로는 설명이 안 되었다.

《천체의 회전에 관하여》는 하마터면 영원히 출판되지 못할 수 도 있었다. 코페르니쿠스는 꼼꼼한 성격이지만 겁이 많고 소심한 편이었다. 그래서 그는 자신의 책이 로마 교황청의 미움을 살 것이라는 것을 알았다. 왜냐하면 당시 로마교황청에서는 프톨레마이오스의 천동설을 제외한 모든 천체 이론은 금지시켰기 때문이다. 더군다나 그는 신부였기 때문에 출판을 망설였다.

코페르니쿠스가 책의 출판의 뜻을 굳힌 직접적인 동기는 독일의 젊은 수학자 레티쿠스의 권유 때문이었다. 레티쿠스는 1539년에 코페르니쿠스로부터 일 년 정도 직접 가르침을 받았는데 나의 원고를 책으로 출판할 것을 간청했다. 코페르니쿠스는 헌신적인 제자 레티쿠스의 권유에 더 이상 거절 못하고 1542년 원고를 세계 최초의 인쇄소인 뉘른베르크 인쇄소에 넘겼다. 하지만 코페르니쿠스는 자신의 책을 읽어 볼 수 없었다. 왜냐하면 이 책의 인쇄본이 전달된 것은 이듬해 5월 24일이었고 그때는 코페르니쿠스가 거의 죽을 때가 되어 책을 읽을 기력이 없었기 때문이었다.

이 책의 출판은 로마 교황청에 대한 도전이자 1300여 년 동안을 지배해 왔던 천동설로부터의 해방이었다. 그리고 지구 중심의 세계관을 태양 중심의 세계관으로 바꾸는 혁명이었다. 코페르니쿠스의 책은 바로 커다란 파문을 일으켰다. 지동설을 인정하지 않는 로마교황청은 이 책을 금지도서로 정해 책을 가지고 있는 사람을 모두 잡아 들였다. 그 후 이 책은 1835년까지 로마교황청에서 금지도서 판정을 받았다.

활동수업

1) 코페르니쿠스의 〈천체의 회전에 관하여〉란 책을 읽고 토론해 보자.

2) 금성을 볼 수 있는 시각은 언제인가?

답 해뜨기 3시간 전과 해진 후 3시간만 볼 수 있다. 그 이유는 금성이 지구의 안쪽으로 태양을 돌기 때문에 지구에서 바라보는 태양과 금성사이의 각은 어느 한도 이상 커질 수 없어서이다. 이론적으로는 해뜨기 3시간 전과 해진 후 3시간까지이지만 실제로는 한 시간 내외 정도만 금성을 관측할 수 있다.

과학서술수업

1) 고속도로를 달릴 때 옆 차선의 차를 보면 마치 차가 뒤로 가는 것처럼 보일 때가 있다. 그 이유는 무엇인가?

답 옆 차가 우리 차 보다 천천히 달리기 때문이다. 움직이는 사람이 다른 움직이는 물체를 볼 때는 마치 자신이 움직이지 않는 것처럼 생각하게 된다. 예를 들어 옆 차가 더 빠르다면 그 차가 앞으로 달리는 것으로 보이고, 옆 차와 우리 차의 속력이 같으면 정지해 있는 것으로 그리고 옆 차가 우리 차보다 느리면 뒤로 멀어지는 것으로 보인다.

04

행성의 화려한 댄스

1 별이 '응애응애'하며 태어나다 - 티코브라헤

망원경이 발명되기 전에 가장 훌륭한 천문학적인 관측 결과를 남긴 사람은 덴마크의 천문학자 티코브라헤이다. 그의 수많은 관측 결과들은 훗날 케플러가 행성의 운동에 대한 케플러 법칙을 만드는 데 크게 기여했다.

▶ 티코브라헤

티코브라헤는 1546년에 크누드스트럽 성의 오테 브라헤 영주의 장남으로 태어났다. 티코브라헤는 열세 살에 코펜하겐 대학에 입학해 법률을 전공했지만 교양수업으로 수학과 천문학을 배웠다. 이것이 계기가 되어 티코브라헤는 천문학에 관심을 가지게 되었다.

열다섯 살이 되던 해 티코브라헤는 처음으로 일식을 눈으로 직접 보게 되었다. 그리고 많은 천문학 책을 뒤져 일식이 언제 일어나는 지를 예측할 수 있다는 것을 알게 되었다.

코펜하겐에서 3년을 보낸 후 티코브라헤는 라이프치히 대학에서 공부하는 동안 티코브라헤의 천문학에 대한 관심은 더욱 높아졌다. 그는 하늘의 모든 별자리의 이름을 알아냈고 별자리가 있는 위치를 찾을 수 있게 되었다.

이때부터 티코브라헤는 행성들의 운동을 관측하기 시작했다. 그리고 자신이 관측한 결과를 프톨레마이오스의 천동설로도 코페르니쿠스의 지동설로도 정확히 설명할 수 없다는 것을 알아냈다. 티코브라헤는 행성 운동의 정확한 예측을 위해서는 아직 해야할 일이 많이 남아 있다는 것을 알고 천문학자의 길을 걷기로 결심했다.

독일의 아우구스부르크에서 지내던 1570년 봄 티코브라헤는 천체관측기구인 대사분의를 만들었다. 대사분의는 지름이 5.5미터나 되는 대형 기구였다. 대사분의는 놋쇠로 만든 눈금띠와 눈금을 읽기 위해 수직으로 매달아 놓은 놋쇠 추를 제외한 모든 부분은 오크나무로 제작되었다. 수직으로 세운 축에는 네 개의 나무 막대기가 있어 대사분위를 회전시키는 손잡이로 사용하였다.

▶ 티코브라해의 대사분의

두 달 동안 티코브라헤는 대사분의로 별과 행성을 관측하고 관측한 내용을 기록하고 다시 대사분의의 위치를 바꾸는 일을 반복했다. 대사분의는 너무 무겁고 커서 위치를 조정할 때마다 그의 하인들은 엄청난 노동에 시달려야 했다.

1572년 어느 날 저녁 티코브라헤는 저녁 식사를 하러 가던 중 우연히 지금까지 보지 못했던 새로운 별을 보았다. 그러나 천구에 붙어 있는 별들은 새로 생겨나지도 않고 사라지지도 않는다는 고대 천문학적 지식을 갖고 있던 티코브라헤는 이 사실이 믿어지지 않았다. 그는 자신의 하인들과 길을 지나가는 농부에게 자신이 새로 발견한 별에 대한 증인이 되어 달라고 부탁하기까지 했다.

▶ 티코브라헤가 발견한 새로운 신성

티코브라헤는 이것이 과연 새로운 별인지 아니면 혜성이나 행성인지 좀 더 면밀하게 관측해 보기로 했다. 그래서 그는 팔의 길이가 1.68미터 되는 육분의를 이용하여 며칠 밤을 꼬박 세워 이 별을 관측했다. 각도의 단위로 1도의 60분의 1을 분이라고 하는 데 육분의는 1분 단위로 눈금이 새겨져 있어 비교적 정밀한 관측이 가능했다.

▶ 티코브라헤의 육분의

티코브라헤가 발견한 것은 혜성이나 행성이 아니었다. 혜성이라면 가는 꼬리가 붙어있어야 하지만 꼬리가 없었고, 행성이라면 관측할 때마다 위치가 조금씩 달라져야 하는 데 제 자리에 정지해 있는 것으로 보아 이것은 새로운 별이 틀림없었다.

새로운 별의 발견에 대한 확신을 가진 티코브라헤는 1573년 이 별의 관측 내용을 담은《신성에 대하여》라는 책을 출간했다. 이 책에는 새로운 별의 발견에 대한 내용 뿐 아니라 달력 계산법, 점성술등의 여러 내용을 담고 있다. 이 책은 많은 사람들에게 알려졌고 이로 인해 티코브라헤는 유럽의 유명인사가 되었다.

티코브라헤의 명성을 들은 덴마크의 국왕 프리데릭 2세는 그에서 왕립천문학자의 지위를 주고 여러 개의 성을 주겠다며 그에게 조국에 돌아와 봉사해달라고 부탁했다. 하지만 티코브라헤는 성주가 되는 것은 천문관측에 방해가 된다며 왕의 제안을 정중히 거절했다.

그러자 왕은 코펜하겐 해안에 있는 벤이라는 이름의 섬을 티코브라헤에게 주었고 티코브라헤는 그 섬에 "하늘의 도시" 혹은 "하늘의 성"의 뜻의 우라니보르그라는 이름의 천문대를 건설했다.

▶ 우라니보르그

그때부터 이십년 동안 티코브라헤는 우라니보르그에서 천체 관측과 연구를 하였다. 티코브라헤는 만년인 1600년에 당시 우주의 신비라는 책을 출판하여 장래가 촉망되면서도 개신교도라는 이유 때문에 직장을 구하고 있지 못했던 케플러를 천문대 조수로서 채용하게 되었다. 그러나 불과 일 년 후 티코브라헤는 세상을 떠났고 그의 엄청난 천문관측자료들은 케플러의 손에서 아름다운 법칙으로 정리되었다.

활동수업

1) 혜성이 긴 꼬리를 갖는 이유를 조사해 보자.

과학서술수업

1) 티코브라헤가 발견한 신성이 아리스토텔레스와 프톨레마이오스의 우주 모형으로 설명될 수 없는 이유를 서술하라.

답 아리스토텔레스와 프톨레마이오스의 우주에서 모든 별들은 천구에 붙어 있고 천구가 지구를 중심으로 회전한다. 이 때 천구에 박혀서 돌고 있는 별들은 사라지지도 새로 만들어지지도 않는다는 것이 아리스토텔레스와 프톨레마이오스의 우주 모형의 핵심이다. 그런데 티코브라헤는 별이 없던 자리에서 별이 새로이 만들어져 그 밝기가 변하는 것을 알아냈으므로 이 현상은 아리스토텔레스와 프톨레마이오스의 우주 모형으로는 설명할 수 없다.

2 행성이 춤추는 타원 길 - 케플러

행성이 태양을 중심으로 원운동을 하지 않는다는 것을 처음 알아낸 사람은 독일의 천문학자 케플러이다. 그는 행성의 움직임을 면밀하게 관측한 결과 행성이 태양을 한 초점으로 하는 타원 궤도를 따라 움직인다는 것을 알아냈는데 이것이 바로 유명한 케플러 법칙이다.

▶ 케플러

케플러는 1571년 독일의 바일이라는 작은 마을에서 태어났다. 그는 어릴 때부터 몸이 약하고 병이 잦은 아이였다. 여섯 살 때 케플러는 혜성을 처음 보았고 이것이 그의 천문학에 대한 관심을 불러일으켰다.

열세 살이 되던 해 케플러는 뷔르텐베르그 신학교에 들어갔고 열아홉 살에 튀빙겐 대학에 들어갔다. 대학 시절 신학을 전공했지만 케플러는 틈틈이 수학을 공부했고 이 때 천문학자인 마에스틀린 교수에게 코페르니크스의 지동설에 대해 배웠다. 마에스틀린 교수는 수학에 천부적인 재능을 보인 케플러를 총애했다.

1594년 케플러는 오스트리아 그라츠 대학의 수학교수가 되었다. 이 시절 케플러는 정다면체를 적용한 우주의 모습을 떠올리고 1596년 《우주의 신비》라는 책을 출간했다.

케플러는 이 책에서 행성의 개수를 기초로 태양중심설을 증명하려고 노력했다. 프톨레마이오스 우주 모형에서는 달이 행성으로 취급되어 일곱 개의 행성이 있었다. 그러나 코페르니쿠스 우주 모형에서는 달을 제외한 여섯 개의 행성 존재한다. 케플러는 신이 태양을 중심으로 여섯 개의 행성을 가진 우주를 만들었다고 생각했다. 이 세상에는 다섯 가지의 정다면체가 존재하는데 행성 사이에 다섯 개의 정다면체를 적용하면 행성사이의 거리는 정다면체에 의해서 결정된다는 것이다.

토성과 목성 사이 : 정육면체
목성과 화성 사이 : 정사면체
화성과 지구 사이 : 정십이면체
지구와 금성 사이 : 정이십면체
금성과 수성 사이 : 정팔면체

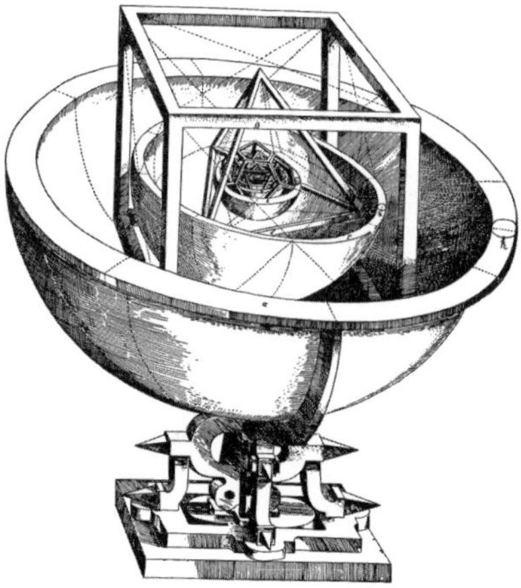
▶ 케플러의 정다면체 우주 모형

케플러의 이러한 생각은 잘못된 것임이 후에 밝혀졌지만 당시에는 매우 기발한아이디어로 받아 들여졌다.

1600년 케플러는 티코브라헤의 조수가 되어 체코의 프라하에서 일하게 되었다. 티코브라헤는 케플러에게 화성 궤도에 대한 자료를 주며 화성 궤도에 대해 연구하게 했다. 티코브라헤가 죽고 왕궁천문학자가 된 케플러는 여전히 화성의 신비스런 궤도를 찾는 일에 몰두했다.

케플러는 화성 궤도에 대한 티코브라헤의 자료를 면밀하게 검토했다. 그는 화성의 정확한 궤도를 그려보려고 했다. 하지만 화성이 원 궤도를 그릴 경우 티코브라헤의 관측결과와는 일치하지 않았다.

4년 동안 화성의 원 궤도를 찾지 못한 케플러는 화성의 궤도가 반드시 원이어야 한다는 생각을 버리고 다른 곡선의 궤도를 따라 움직일 지도 모른다는 생각을 가지게 되었다. 이렇게 하여 그는 화성의 궤도가 태양을 한 초점으로 하는 타원궤도를 그린다는 사실을 알아냈는데 이것이 바로 케플러 제1법칙이다.

● **케플러 제1법칙**

행성들은 태양을 한 초점으로 하는 타원 궤도를 그리면서 태양 주위를 돈다.

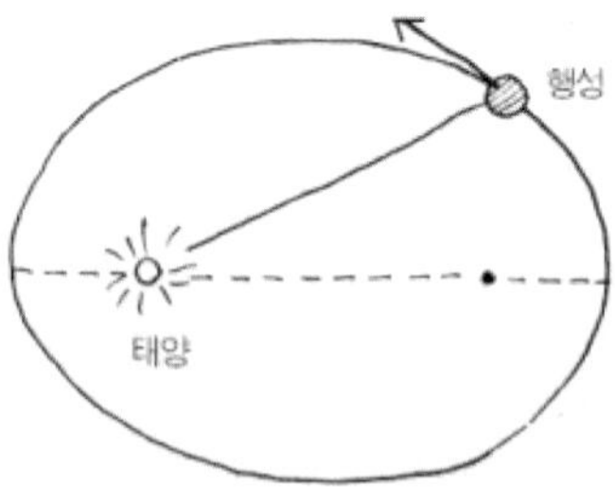

그 후 케플러는 행성들이 태양 주위를 돌 때 항상 같은 빠르기로 움직이지 않음을 확인했다. 티코브라헤의 자료를 관측한 결과 행성들은 태양에 가까울 때는 빠르게 돌고 태양에서 멀어지면 천천히 움직인다는 사실을 발견하는 데 이것이 바로 케플러 제2법칙이다.

● **케플러의 제2법칙**

행성이 같은 시간 동안에 움직여 만드는 부채꼴 면적은 언제나 같다.

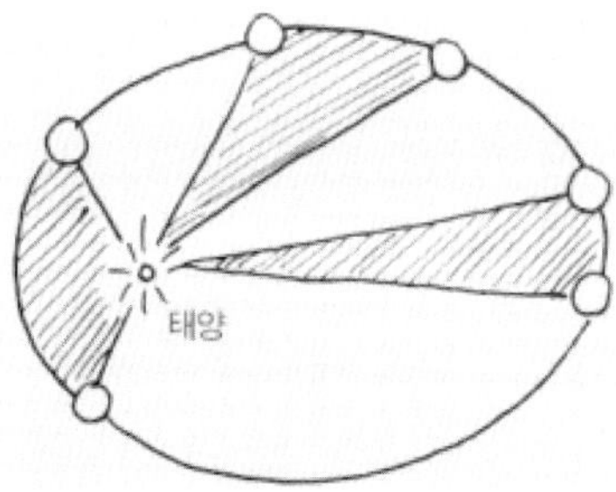

케플러는 자신의 제1, 제2법칙은 1609년 그의 저서《새로운 천문학》에 발표했다.

그 후 10년 뒤인 1619년 그는 행성의 운동에 대한 마지막 법칙인 케플러 제3법칙을 발표하게 되는 데 그것은 행성이 태양주위를 한 바퀴 도는 데 걸리는 시간(주기)와 타원 궤도의 긴반지름 사이의 관계였다. 그는 제3법칙을 그의 두 번째 저서인《우주의 조화》에 발표했습니다.

● **케플러의 제3법칙**

행성의 궤도운동의 주기의 제곱은 타원의 긴 반지름의 세제곱에 비례한다.

즉 태양계의 행성들인 수성, 금성, 지구, 화성, 목성, 토성 등에 대해 주기(T)와 타원궤도의 긴 반지름은 모두 다르지만 주기의 제곱을 장반경의 세제곱으로 나눈 값은 어떤 행성에 대해서도 일치한다는 것이다. 케플러는 이 법칙을 이용하여 행성의 공전주기로부터 공전 궤도를 정확하게 결정할 수 있었다.

〈우주의 조화〉에는 재미있는 내용도 들어있다. 케플러는 〈우주의 조화〉에서 행성들이 음악을 연주한다고 주장했다. 그는 각 행성들이 회전하는 속도에 따라 다양한 소리를 내며 우주는 이들이 만들어낸 소리로 가득 찬 오케스트라 연주를 한다고 생각한 것이다.

▶ 행성의 운동을 음악으로 설명한 내용 – ≪우주의 조화≫

활동수업

1) 다음 표를 보고 전자계산기를 이용하여 주기의 제곱과 긴 반지름의 세제곱의 비를 계산해 케플러의 제3법칙이 성립함을 보여라.

	수성	금성	지구	화성	목성	토성
주기	0.24	0.616	1	1.88	11.87	29.477
긴반지름	0.388	0.724	1	0.524	5.2	9.51

▶ 여기서 주기의 단위는 '년'이고 긴 반지름의 단위는 AU이다. 1AU는 지구에서 태양까지의 거리를 나타낸다.

과학서술수업

1) 케플러가 도입한 정다면체와 플라톤이 도입한 정다면체의 차이점은 무엇인가?

답 플라톤은 사 원소와 제5원소를 다섯 개의 정다면체로 나타냈지만 케플러는 행성과 행성 사이의 공간을 다섯 개의 정다면체로 묘사했다.

교과 연계 내용

타원이란 무엇인가?

타원은 찌그러진 원이라는 뜻이다. 두 개의 압핀에 실을 헐렁하게 연결하고 실에 펜을 대고 그리면 타원이 그려진다. 이때 압핀이 있는 위치가 다름 그림의 두 점 F_1, F_2가 되는 데 이 두 점을 타원의 초점이라고 부른다.

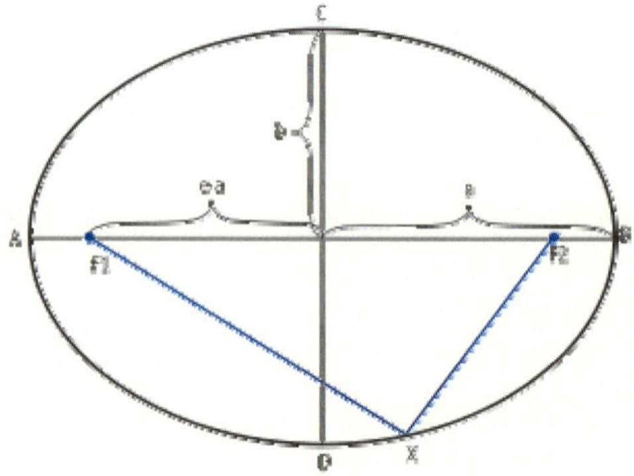

타원은 두 개의 서로 다른 길이의 반지름을 갖는데 이중 긴 것을 긴반지름이라고 하고 짧은 것은 짧은 반지름이라고 부른다. 위 그림에서 긴 반지름은 a이고 짧은 반지름은 b이다. 타원위의 각점으로부터 두 초점까지의 거리의 합은 항상 일정하고 그 값은 항상 긴 반지름의 두 배이다.

05

지동설과 종교재판, 그리고 만유인력

1 무한히 많은 우주에 무한히 많은 하나님을 주장하다 화형당하다 - 브루노

코페르니쿠스의 지동설이 발표되고 나서 과학자들의 의견은 찬반의 대립을 보였다. 갈릴레이와 더불어 코페르니쿠스의 지동설을 지지한 사람 중에는 이탈리아의 브루노가 있었다.

▶ 브루노

이탈리아의 나폴리에서 가까운 놀라에서 태어난 브루노는 18살이 되던 해에 도미니코 교단에 들어가 신부가 되었다. 그는 고대와 자신이 살던 당시의 자연과학에 많은 관심을 가졌다. 브루노는 갈릴레이와 같은 시대의 사람으로 피사 대학의 교수 자리를 놓고 갈릴레이와 경쟁을 벌였고 결국은 갈릴레이가 피사 대학의 교수가 되었다. 브루노는 라틴어와 그리스어에 능통했고 철학이나 마술이나 점성술에도 관심이 많았다.

브루노는 우주에 대한 수많은 이론들을 공부한 후, 아리스토텔레스와 프톨레마이오스의 천동설에 회의를 가지게 되었다. 결국 그는 코페르니쿠스의 지동설에 대한 열렬한 지지자가 되었고 더 나아가 새로운 우주 모형을 제시했다.

우선 그는 별들이 천구에 고정되어 있고 천구가 회전하기 때문에 별들이 회전한다는 천동설의 이론을 거부했다. 대신에 그는 별이 회전하는 것처럼 보이는 것은 지구가 자전을 하기 때문에 생기는 현상이라고 주장했다.

브루노는 천동설에서 주장하는 지구를 중심으로 하는 커다란 공(천구)에 대한 아이디어를 거부했다. 대신에 그는 우주는 천구에 의해 유한한 크기를 갖는 것이 아니라 무한한 크기를 가지고 있다고 주장했다. 그는 아리스토텔레스의 천구 개념에 대해 자신의 책 "무한 우주와 여러 세계에 관하여"에서 「만일 아리스토텔레스 말대로 우주가 천구에 의해 닫혀져 있고 그 바깥에 아무 것도 없다면 우리가 천구에 가서 팔을 천구 밖으로 뻗으면 그 팔은 존재는 것인가? 존재하지 않는 것인가?」라고 말하며 아리스토텔레스의 천구 개념을 강하게 부정하였다.

브루노는 무한한 우주가 에테르라고 부르는 물질로 가득 채워져 있고 에테르는 어떠한 저항도 일으키지 않기 때문에 지구나 달이나 별이 회전운동을 하는 데 지장을 주지 않는다고 생각했다.

브루노는 우주가 무한할 뿐만 아니라 균일하다고 주장했다. 우주가 균일하다는 생각은 훗날 우주 원리라는 형태로 현대의 우주론에 큰 영향을 끼쳤다.

여기에서 브루노는 로마교황청의 미움을 사게 되는 이론을 발표하게 된다. 브루노는 우주가 균일하기 때문에 우주에는 무한히 많은 태양계가 있다고 주장했다. 그는 하나의 태양계에 한 명의 하나님이 존재하므로 무한한 우주에는 무한히 많은 하나님이 존재한다고 주장했다.

브루노의 이러한 생각은 로마 교황청의 미움을 사게 되었고 결국 그는 1591년 베네치아 공화국에서 체포되어 8년 동안 감옥생활을 했다. 로마교황청에서는 그에 대한 종교재판을 열어 신에 대한 불경죄로 그를 화형에 처할 것을 결정했다.

▶ 종교재판을 받고 있는 브루노

브루노는 1600년 2월 17일 로마에서 공개적으로 화형에 처해졌다. 화형을 당할 때 그는 "말뚝에 묶여 있는 나보다 나를 묶고 불을 붙이려 하고 있는 당신들 쪽이 더 공포에 떨고 있다"라고 소리쳐 자신의 무한우주에 대한 소신을 굽히지 않았다.

과학서술수업

1) 브루노의 생각에 따라 천체들이 멈추지 않고 영원한 회전운동을 하는 이유를 기술하라.

답 브루노는 우주가 에테르라고 부르는 물질로 가득 차있다. 이 에테르가 물체에 어떤 저항도 일으키지 않기 때문에 에테르 속을 회전 운동하는 천체들은 에너지를 잃어버리지 않아 영원한 회전운동을 할 수 있다.

2 그래도 지구는 돈다 - 갈릴레이

이제 종교재판 하면 떠오르는 갈릴레이에 대해 얘기해 보자. 갈릴레오 갈릴레이는 1564년 이탈리아의 피사에서 태어났다. 갈릴레이의 성과 이름이 비슷한 이유는 이 지방의 전통 중 장남의 이름은 성과 비슷하게 짓기 때문이다.

▶ 갈릴레이

갈릴레이는 1581년 피사대학에서 의사 공부를 하고 있었다. 1583년 갈릴레이는 이탈리아 피사의 어느 성당에서 뒷줄에 앉아 신부님의 설교를 듣고 있었다. 설교내용이 따분하여 잠이 들락 말락 했는데 갑자기 성당 안으로 돌풍이 불더니 천장에서 내려온 긴 줄에 매달린 램프가 흔들리기 시작했다.

▶ 피사 성당

갈릴레이는 갑자기 램프를 쳐다보았습니다. 램프가 흔들거리다가 자기 자리로 오는 데 걸리는 시간을 맥박수를 헤아려 보았더니 항상 같은 시간이 걸렸다. 갈릴레이는 흔들이가 한 번 왕복하는 데 걸리는 시간이 항상 일정하다는 생각을 가지게 되었고 집으로 돌아와 천장에 줄을 매달아 추를 매달아 실험했다. 그는 이것을 진자의 등시성이라고 불렀다.

갈릴레이는 줄을 더 길게 만들어 보았습니다. 이 때 한 번 왕복하는 데 시간이 더 걸렸다. 또, 줄의 길이는 그대로 두고 추를 더 무거운 것으로 바꾸어 보았다. 이때는 가벼운 추를 매달았을 때와 같은 시간이 걸렸다. 그리고는 다음과 같은 사실을 알아냈다.

흔들이(진자)가 한 번 왕복하는 데 걸리는 시간(주기)은 줄의 길이가 길수록 길어지지만 추의 질량과는 관계가 없다.

갈릴레이는 1584년 피사대학을 중퇴하고 피렌체에 가서 아버지의 친구이면서 궁궐의 수학자인 리치로부터 수학과 물리학을 배웠다. 1592년 갈릴레이는 피사대학 교수가 되어 학생들에게 수학을 가르치고 1604년 관성과 운동에 대한 법칙을 발표했다. 갈릴레이가 발견한 물체의 관성의 법칙을 다시 쓰면 다음과 같다.

외부에서 힘이 작용하지 않으면 정지해 있던 물체는 정지해 있으려고 하고 움직이던 물체는 같은 속도로 계속 움직이려고 한다.

관성에 대해 처음 생각한 것은 갈릴레이였지만 이 법칙을 처음으로 발표한 사람은 데카르트였다. 그리고 이 법칙은 훗날 뉴턴의 운동법칙에 포함되어 뉴턴의 운동 제1법칙으로 불리워지게 된다.

갈릴레이는 오랫동안 지배해왔던 아리스토텔레스의 낙하법칙이 틀렸음을 증명했다. 아리스토텔레스는 무거운 물체가 가벼운 물체보다 빨리 떨어진다고 주장했고 그의 이론은 약 2000여 년 동안 인정을 받아왔다. 아리스토텔레스의 낙하법칙에 따르면 물체의 속력은 물체의 질량에 비례한다. 그러므로 5kg의 물체와 1km의 물체를 100m의 높이에서 떨어뜨린다면 5km의 물체가 바닥에 닿았을 때 1kg의 물체는 20m만 떨어져야한다.

하지만 갈릴레이는 다음과 같이 물었다. 만일 이 두 개의 물체를 가느다란 줄로 묶어서 떨어뜨리면 어떻게 될 것인가? 아리스토텔레스의 주장대로라면 5kg의 물체는 빨리 떨어지려고 하고 1kg의 물체는 천천히 떨어지려고 하니까 1kg의 물체가 5kg의 물체가 빨리 떨어지는 것을 방해하게 된다. 그렇다면 5kg의 물체가 떨어질 때 보다 더 느린 속력을 가지게 된다. 하지만 두 물체는 줄로 묶여 있어 질량이 6kg인 하나의 물체로 볼 수 있는 데 그렇다면 질량이 5kg인 물체보다 무거우니까 더 빨리 떨어져야 한다. 도대체 이 모순은 어디에서 오는 것일까?

갈릴레이는 아리스토텔레스의 낙하법칙에서 이러한 모순을 발견하고 올바른 낙하법칙을 찾으려고 노력했다. 우선 그는 아르키메데스의 물리학으로 이 문제를 설명하려고 했다. 물체는 빈 공간을 낙하하는 것이 아니라 공기로 채워진 공간을 낙하하므로 물속에 공을 떨어뜨리면 물의 저항을 받아 천천히 떨어지듯이 공기에서도 공기의 저항 때문에 천천히 떨어지게 된다. 물체가 큰 저항을 받느냐 작은 저항을 받느냐는 물체의 질량이 아니라 물체의 모양과 관계가 있다. 만일 물체가 공기의 저항을 받지 않을 수 있다면 무거운 물체든 가벼운 물체든 같은 시간에 떨어지게 될 것이다. 이러한 갈릴레이의 생각은 1971년 아폴로 15호의 사령관인 데이빗 스콧이 달에서 망치와 깃털을 실제로 낙하시켰을 때 동시에 떨어진다는 것을 보여줌으로써 증명되었다.

갈릴레이는 물체가 같은 시간 동안 낙하한 거리는 물체의 질량과 관계없이 같음을 증명했다. 물체가 1초 동안 낙하한 거리, 2초 동안 낙하한 거리, 3초 동안 낙하한 거리의 비는 놀랍게도 1 : 4 : 9가 되었고 이것을 제곱으로 고치면 $1^2 : 2^2 : 3^2$으로 쓸 수 있었다. 이렇게 하여 그는 낙하하는 물체가 일정시간 동안 낙하한 거리는 시간의 제곱에 비례한다는 사실을 알아냈는데 이것이 바로 유명한 갈릴레이의 낙하법칙이다.

1609년 어느 날, 네덜란드에서 렌즈 가게를 하던 리퍼시는 우연히 오목렌즈를 눈에 대고 그 반대쪽에 볼록 렌즈를 댄 채 교회를 보았더니 교회가 크게 보였다는 사실을 알아냈다. 이를 통해 리퍼시는 렌즈 두 개를 이용한 망원경을 발명했는 데 이 사실을 전해들은 갈릴레이는 리퍼시의 망원경보다 배율을 더 높게 개량하여 물체를 30배나 크게 볼 수 있는 망원경을 만들었다.

▶ 망원경을 보는 갈릴레이

이렇게 만든 망원경으로 갈릴레이는 우주를 관찰하기 시작했는데 그 처음이 달이었다. 달의 표면이 매끄러울 것이라는 많은 이들의 생각과는 달리 달의 표면은 여기 저기 분화구가 있는 지저분한 모습이었다. 이처럼 달의 분화구(크레이터)를 처음으로 관측한 갈릴레이는 지구 뿐 아니라 목성에도 달이 있다는 것을 처음으로 관측했고, 토성이 고리를 가지고 있다는 것도 알아냈다. 그리고 은하수가 아주 많은 별들로 이루어져 있다는 것도 알아냈다.

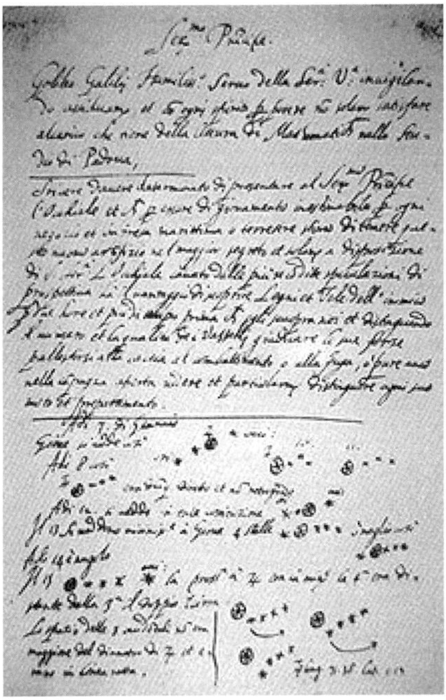

▶ 목성의 위성을 발견한 내용이 담긴 갈릴레이의 원고

갈릴레이의 관측은 밤뿐만 아니라 낮에도 계속되었는데 밝게 빛나는 태양에 검은 점들을 태양의 여기저기에서 관찰했는데 이것이 바로 태양의 흑점이다. 갈릴레이는 망원경을 통한 관측한 이 모든 결과를 1910년 《별에 대한 보고서》라는 책으로 엮어 출판했다.

망원경을 통해 우주를 보던 중 갈릴레이는 금성의 모양이 초승달 모양에서 점점 보름달 모양으로 변한다는 것을 알아냈다. 이는 금성이 태양의 주위를 돌기 때문인데 이때 갈릴레이는 금성처럼 지구도 태양의 주위를 돌고 있다는 것을 확신했다. 그래서 갈릴레이는 태양 주위를 지구가 돈다는 지동설을 주장하게 되었다.

하지만 당시 로마 교황청에서는 지구는 움직이지 않는 우주의 중심이며, 다른 모든 천체들이 지구의 주위를 돌고 있다는 천동설만을 인정하고 있었다. 그 시절 로마 교황청에서는 자신들이 정한 이론에 반대되는 이론을 주장하는 사람은 종교재판을 통해 벌을 주곤 했다. 그러나 이미 관측한 많은 자료들로부터 지구가 태양 주위를 돌고 있다는 믿음을 져버릴 수 없었던 갈릴레이는 1632년 이 내용을《천문대화》라는 책에 실

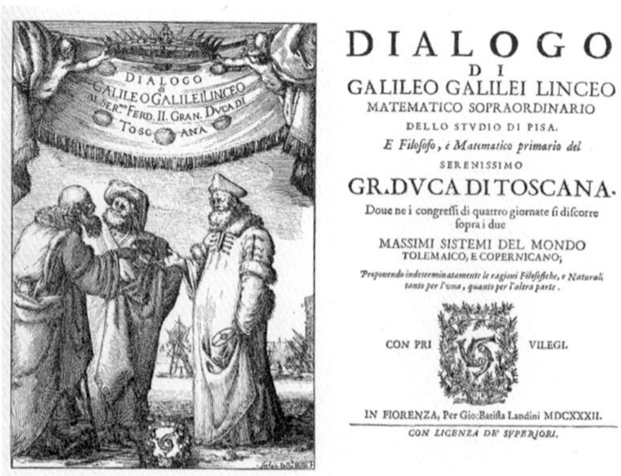
DIALOGO
DI
GALILEO GALILEI LINCEO
MATEMATICO SOPRAORDINARIO
DELLO STVDIO DI PISA.
E Filosofo, e Matematico primario del
SERENISSIMO
GR.DVCA DI TOSCANA.
Doue ne i congressi di quattro giornate si discorre sopra i due
MASSIMI SISTEMI DEL MONDO
TOLEMAICO, E COPERNICANO;
Proponendo indeterminatamente le ragioni Filosofiche, e Naturali tanto per l'vna, quanto per l'altra parte.
CON PRI VILEGI.
IN FIORENZA, Per Gio: Batista Landini MDCXXXII.
CON LICENZA DE' SVPERIORI.

▶ 갈릴레이의 ≪천문대화≫의 표지

었고, 이 책은 나오자마자 로마 교황청으로부터 모두 압수당한 채, 그는 종교 재판에 끌려 나가게 되었다.

그들은 종교재판에서 갈릴레이가 성서에 위배되는 얘기를 했고 그것을 인정하라고 했다. 그때는 종교 재판의 권위를 무시하면 곧바로 사형에 처해지므로 갈릴레이는 어쩔 수 없이 책에 쓴 내용이 성서에 위배되고 다시는 이렇게 옳지 않은 내용을 사람들에게 알리지 않겠다고 맹세했다. 로마 교황청은 갈릴레이에게 이러한 다짐을 받고 그를 석방하고는 가택연금 명령을 내렸다.

▶ 종교재판을 받는 갈릴레이

이 일로 인해 과학탐구에 있어 진리에 대한 신념을 잘 나타낸 말이라며 지금의 현대 사람들은 갈릴레이가 종교재판을 끝내며 법정을 나올 때 '그래도 지구는 돈다'라는 말을 했다고 믿는데 그 때 갈릴레이가 그 말을 했었다면, 그는 그 자리에서 사형을 당했을 것이다. 이는 아마도 지어내기 좋아하는 사람들이 만든 말일 가능성이 크다.

이 일이 있은 후 갈릴레이의 남은 인생은 집안에 갇힌 채 망원경으로 우주를 관측하며 지내는 것이었다. 매일 매일 망원경으로 태양의 흑점을 관측하던 갈릴레이는 점점 시력을 잃어갔고 1637년에는 장님이 되었다. 시력을 잃은 갈릴레이는 가택 연금중인 1636년에 새 책《새로운 두 과학에 대한 대화》를 완성하였다. 1638년 네덜란드에서 비밀리에 출판된 이 책에서 갈릴레이는 낙하법칙과 포물체의 운동과 진자운동 등 새로운 과학적 사실들을 수학적으로 쉽게 기술하였다. 78세가 되던 1642년 갈릴레이는 집에서 쓸쓸히 죽음과 마주한 채 눈을 감았다.

DISCORSI
E
DIMOSTRAZIONI
MATEMATICHE,
intorno à due nuoue ſcienze
Attenenti alla
MECANICA & i MOVIMENTI LOCALI;
del Signor
GALILEO GALILEI LINCEO,
Filoſofo e Matematico primario del Sereniſſimo
Grand Duca di Toſcana.
Con una Appendice del centro di grauità d'alcuni Solidi.

IN LEIDA,
Appreſſo gli Elſevirii. M. D. C. XXXVIII.

▶ 갈릴레이의 〈새로운 두 과학에 대한 대화〉 표지

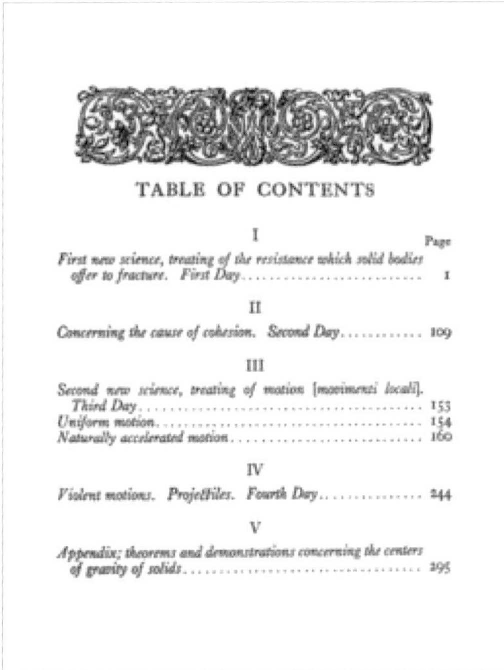

TABLE OF CONTENTS

▶ 갈릴레이의 〈새로운 두 과학에 대한 대화〉 목차

활동수업

1) 갈릴레이가 피사의 사탑에서 무거운 물체와 가벼운 물체를 떨어뜨리는 실험을 실제로 했는지 조사해 보자.

참고 갈릴레이는 절대로 그런 실험을 한 적이 없답니다. 사실 이 실험은 1586년 네덜란드의 물리학자 스테빈이 10m 높이에서 10배정도 무게의 차이가 있는 두 공을 떨어뜨려 두 공이 동시에 떨어진 것을 확인한 것인데, 1638년 갈릴레이의 책 《새로운 두 과학에 대한 대화》를 편집하던 그의 제자 비비아니가 갈릴레이가 피사의 사탑에서 실험을 한 것으로 적어 놓는 바람에 빚어진 오해이다.

과학서술수업

1) 관성의 예를 들어라.

답 컵 위에 종이를 놓고 그 위에 동전을 올려 놓고 종이를 손가락으로 튕기면 동전만 컵에 떨어진다. 이것은 동전에게 그 자리에 있고 싶어 하는 관성이 있기 때문이다. 또 다른 예로 버스가 갑자기 출발하면 우리는 뒤로 넘어지는 데 그것은 우리는 정지해 있고 싶어 하는 관성이 있는 데 버스는 앞으로 가니까 우리 몸이 뒤로 쏠리게 되는 것이다.

2) 삼식이는 200m를 달리는 데 20초 걸렸고, 삼순이는 600m를 달리는 데 50초 걸렸다. 둘 중 누가 더 빨리 달리는가?

답 속력이 큰 사람이 빠른 사람이다. 삼식이의 속력은 200을 20으로 나눈 10m/s이고 삼순이의 속력은 600을 50으로 나눈 12m/s이다. 삼식이의 속력이 더 크므로 삼식이가 더 빨리 달렸다고 해야 한다.

3) 갈릴레이는 무거운 물체나 가벼운 물체나 같은 높이에서 떨어뜨렸을 때, 떨어지는 시간이 같다고 했다. 하지만 종이와 쇠구슬을 같은 높이에서 떨어뜨리면 쇠구슬이 먼저 바닥에 떨어지는 이유는 무엇인가?

답 그것은 공기의 저항 때문이다. 공기는 눈에 보이지 않는 작은 기체들로 이루어져 있다. 종이는 떨어지면서 공기를 이루는 작은 기체들과 충돌을 많이 한다. 이것을 공기의 저항이라고 한다. 이렇게 공기의 저항을 많이 받는 물체는 천천히 떨어진다. 하지만 쇠구슬은 종이에 비해 공기와의 저항이 크지 않아 빠르게 떨어진다.

4) 갈릴레이는 흔들이에서 줄의 길이를 4배 늘이면 제자리로 돌아오는 데 걸리는 시간은 2배 커지고, 줄의 길이를 9배 늘이면 걸리는 시간은 3배로 된다는 것을 실험을 통해 확인했다. 그렇다면 걸린 시간이 4배로 되

려면 줄의 길이는 몇 배로 되어야 하는가?

답 어떤 규칙이 있는 지를 보자. 줄의 길이가 4배, 9배로 되면 시간은 2배, 3배로 된다. $4 = 2 \times 2$ 이고 $9 = 3 \times 3$이므로 시간이 4배로 되려면 줄의 길이가 4×4 배가되어야 함을 알 수 있다. 즉 줄의 길이가 16배로 되면 제자리로 돌아오는데 걸리는 시간이 4배로 된다.

영재 페이지

갈릴레이가 〈새로운 두 과학에 대한 대화〉에서 속력을 정의한 내용

같은 거리를 두 물체가 움직일 때 속력은 그 거리를 움직이는 데 걸리는 시간만 비교하면 된다. 즉, 짧은 시간이 걸린 물체의 속력이 더 크다. 같은 시간 동안 두 물체가 움직일 때 속력은 움직인 거리만 비교하면 된다. 즉, 움직인 거리가 더 긴 물체의 속력이 더 크다. 그렇다면 두 물체가 서로 다른 거리를 서로 다른 시간 동안 움직일 때 두 물체의 빠르기는 어떻게 비교할까?

이 질문에 대해 갈릴레이는 〈새로운 두 과학에 대한 대화〉에서 명백한 해답을 내놓았다. 그는 일정한 속력으로 운동을 하는 물체를 생각했다. 그리고는 다음과 같은 그림을 도입했다.

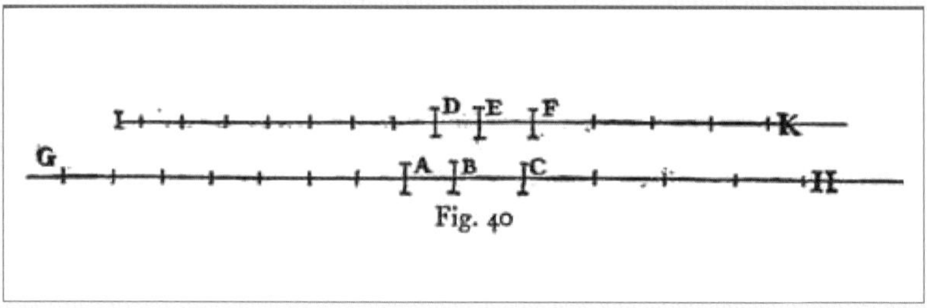

▶ 〈새로운 두 과학에 대한 대화〉에서 평균속력을 정의하는 그림

위에 있는 직선은 시간을 아래 있는 직선은 거리를 나타낸다. 갈릴레이는 다음과 같이 생각했다.

시간 $\overline{DE}$ 동안 물체가 움직인 거리가 $\overline{AB}$ 이고 시간 $\overline{EF}$ 동안 물체가 움직인 거리가 $\overline{BC}$ 라고 하자. 이 때 $\overline{DI}$가 $\overline{DE}$의 n배(n은 자연수)가 되도록 점 I를 도입하고, $\overline{GA}$가 $\overline{AB}$의 n배가 되도록 점 G를 도입한다. 또한 $\overline{FK}$가 $\overline{EF}$의 m배(m은 자연수)가 되도록 점 K를 도입하고, $\overline{CH}$가 $\overline{BC}$의 m배가 되도록 점 H를 도입한다. 이것을 식으로 나타내면 다음과 같다.

$$\overline{DI} = n\overline{DE}$$

$$\overline{FK} = m\overline{EF}$$

$$\overline{AG} = n\overline{AB}$$

$$\overline{CH} = m\overline{BC}$$

이 네 식으로부터 다음 관계식을 얻을 수 있다.

$$\overline{BG}=(n+1)\overline{AB}$$

$$\overline{BH}=(m+1)\overline{BC}$$

$$\overline{IE}=(n+1)\overline{DE}$$

$$\overline{EK}=(m+1)\overline{EF}$$

이때 물체가 일정한 속력으로 움직인다고 하자. 그러면 같은 거리를 움직이는 데 걸리는 시간은 같으므로 $\overline{GB}=\overline{BH}$는 $\overline{IE}=\overline{EK}$를 의미한다. 이것을 다음과 같이 쓸 수 있다.

$$(n+1)\overline{AB}=(m+1)\overline{BC}$$

$$(n+1)\overline{DE}=(m+1)\overline{EF}$$

따라서 우리는 다음 관계식을 얻는다.

$$\frac{\overline{AB}}{\overline{DE}}=\frac{\overline{BC}}{\overline{EF}}$$

즉, 일정한 속력으로 움직이는 물체의 경우 서로 다른 시간 간격에 대한 움직인 거리의 비율은 일정하다. 그러므로 이것을 속력의 정의로 삼을 수 있게 된다. 이것이 바로 갈릴레이가 기하학적으로 엄밀하게 증명한 속력의 정의이다.

갈릴레이의 속력에 대한 정의로부터 우리는 속력이 수학적인 평균의 개념과 깊이 관계되어 있음을 알 수 있다. 속력이 변하는 경우 갈릴레이처럼 생각해 보자.

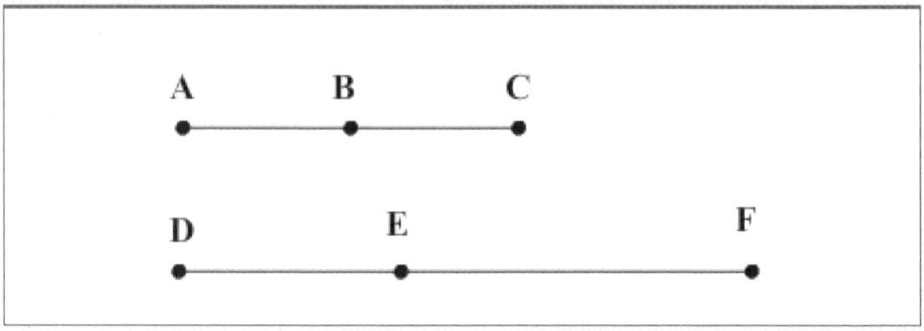

시간 $\overline{\mathrm{AB}}$ 동안 물체가 일정한 속력으로 움직인 거리를 $\overline{\mathrm{DE}}$, 시간 $\overline{\mathrm{BC}}$ 동안 물체가 일정한 속력으로 움직인 거리를 $\overline{\mathrm{EF}}$ 라고 하고 $\overline{\mathrm{AB}}=\overline{\mathrm{BC}}$ 라고 하자. 이 때 $\overline{\mathrm{DE}}\neq\overline{\mathrm{EF}}$ 이면 물체의 속력이 변하는 것을 의미한다. 시간 $\overline{\mathrm{AB}}$ 동안의 물체의 속력을 v_1, 시간 $\overline{\mathrm{BC}}$ 동안의 물체의 속력을 v_2 라고 하면 갈릴레이의 정의에 따라

$$v_1=\frac{\overline{\mathrm{DE}}}{\overline{\mathrm{AB}}}$$

$$v_2=\frac{\overline{\mathrm{EF}}}{\overline{\mathrm{BC}}}$$

가 된다. 한편 시간 $\overline{\mathrm{AC}}$ 동안 움직인 거리는 $\overline{\mathrm{DF}}$ 이므로 이 시간 동안의 속력 v를 움직인 거리를 걸린 시간으로 나눈 것으로 정의하면

$$v=\frac{\overline{\mathrm{DF}}}{\overline{\mathrm{AC}}}=\frac{\overline{\mathrm{DE}}+\overline{\mathrm{EF}}}{\overline{\mathrm{AB}}+\overline{\mathrm{BC}}}$$

가 되고, $\overline{\mathrm{AB}}=\overline{\mathrm{BC}}$ 이므로

$$v=\frac{1}{2}\left(\frac{\overline{DE}}{\overline{AB}}+\frac{\overline{EF}}{\overline{BC}}\right)=\frac{1}{2}(v_1+v_2)$$

가 되어, 각 구간의 일정한 속력의 평균이 된다. 따라서 이렇게 속력이 달라지는 경우 그 때 그 때의 속력의 변화를 고려하지 않고 물체가 움직인 전체 거리를 걸린 시간으로 나누어준 값을 평균속력이라고 정의하게 되는 것이다.

3 달은 왜 지구로 안 떨어질까? - 뉴턴

이제 행성들이 어떤 힘에 의해 태양을 한 초점으로 하는 타원궤도를 그리게 되는 지 살펴보자. 이 힘은 행성과 태양 사이에 작용하는 힘으로 만유인력이라고 부른다. 즉, 만유인력이라는 이름의 힘이 태양 주위를 돌고 있는 행성들의 조화로운 운동을 설명해 준다. 그러므로 만유인력이 우주 근본의 힘이라고 볼 수 있다.

만유인력은 영국의 뉴턴에 의해 처음 발견되었다. 뉴턴은 갈릴레이가 죽은 해에 영국의 울스소프라고 부르는 작은 마을에서 태어났다. 뉴턴은 어릴 때부터 수학과 과학을 좋아했다. 학교에서 배우는 수업보다는 과학책과 수학책을 혼자 읽는 것을 좋아했다. 뉴턴은 특히 갈릴레이와 데카르트가 쓴 과학 책을 좋아했다. 뉴턴은 항상 무언가를 만드는 것을 좋아했는데 열네 살 때는 여동생을 위해 생쥐의 힘을 이용하여 돌아가는 풍차와 물의 힘으로 작동되는 나무 시계 등을 만들어 주기도 했다.

▶ 뉴턴

뉴턴은 어릴 때부터 공부를 잘 한편은 아니었다. 뉴턴이 킹스 스쿨이라는 초등학교를 다닐 때 시험 성적은 아주 나빠서 80명 학생 중에서 거의 꼴등이었다. 그래서 뉴턴은 공부를 못하는 아이들끼리 모인 반에서 수업을 받았다.

어린 시절 뉴턴의 운명을 바꿔 놓은 사건이 있었다. 반에서 공부를 잘하는 학생이 뉴턴에게 공부를 못한다고 놀리는 사건이었다. 화가 머리끝까지 치민 뉴턴은 그 친구와 결투를 하여 이기고 그 날부터 뉴턴은 공부를 잘 하는 친구들을 이기고 싶어 했다. 그 일이 있고 난 후 뉴턴은 반에서 1. 2등을 다투는 모범생이 되었다.

뉴턴은 18살에 영국 케임브리지 대학에 입학해 수학과 물리를 공부했다. 1664년 뉴턴이 영국 케임브리지 대학에서 수학을 공부하고 있을 때 영국에는 무시무시한 페스트가 퍼지고 있었다. 페스트는 쥐들이 옮기는 전염병인데 당시에는 페스트를 치료할 수 있는 약이 없어 한 번 걸리면 거의 죽게 되는 무서운 병이었다. 뉴턴은 이 무서운 전염병을 피하기 위해 사람들이 많이 살지 않는 조용한 고향 울스소프로 내려갔다. 그리고 2년 동안 고향집에서 혼자 연구했다. 만유인력과 운동 법칙과 미분 적분을 비롯한 뉴턴의 수많은 업적들은 이 시기에 이루어졌다.

▶ 케임브리지 대학 식물원에 있는 뉴턴의 사과나무

뉴턴의 고향집에는 조그만 사과나무가 있었는데 뉴턴은 사과나무 아래 누워 명상에 잠기는 것을 좋아했다. 뉴턴이 이 사과나무 아래 누워 사색에 잠겨 있던 중 잘 익은 사과 하나가 바닥으로 떨어지는 것을 보고 뉴턴이 만유인력의 법칙을 발견했다는 일화도 있다. 물론 사과가 땅에 떨어지는 원인은 지구가 사과를 잡아당기는 만유인력 때문이다.

만유인력은 두 물체가 서로를 잡아당기는 힘이다. 그렇다면 사과도 지구를 잡아당길 텐데 지구는 왜 사과를 향해 움직이지 않을까? 이것은 만유인력을 발견한 후 뉴턴을 골치 아프게 한 문제였다. 그리고 뉴턴은 힘이란 무엇인가에 대해 좀 더 고민하게 되었다.

힘이란 무엇일까? 정지해 있는 공을 살살 밀면 공이 천천히 굴러간다.

하지만 세게 밀면 공이 빠르게 굴러간다. 공이 굴러가는 이유는 힘을 받았기 때문이다. 살살 밀었다는 것은 공에게 약한 힘을 주었다는 것이다. 그러므로 약한 힘을 받은 공은 정지해 있다가 천천히 움직인다. 움직인다는 것은 물체가 속력을 가진다는 뜻이다. 공이 힘을 받기 전에는 속력을 가지지 않았으므로 힘을 받은 공은 속력이 달라졌다.

뉴턴은 힘이 물체의 속력을 달라지게 만든다고 생각했다. 공을 세게 밀면 약하게 밀 때 보다 공이 더 빨리 굴러간다. 그러므로 물체가 큰 힘을 받을수록 물체의 속력의 변화가 크다고 결론을 내릴 수 있다.

이번에는 무거운 물체를 밀 때와 가벼운 물체를 밀 때를 생각해 보자. 같은 힘으로 밀어도 무거운 물체는 잘 안 움직이고 가벼운 물체는 잘 움직인다. 뉴턴은 무거울수록 물체가 속력이 달라지는 것을 싫어한다는 사실을 알아냈다. 만일 물체가 정지해 있었다면 무거울수록 속력이 달라지기를 싫어하니까 그대로 정지해 있고 싶어 하는 데 이것이 바로 갈릴레이가 언급한 물체의 관성이다.

이제 뉴턴의 고민은 해결되었다. 지구와 사과는 서로를 같은 크기의 힘으로 잡아당긴다. 물론 그 힘은 만유인력이다. 하지만 지구는 사과에 비해 너무너무 무거우니까 잘 움직이지 않으려고 하고 사과는 가벼우니까 잘 움직이려고 해서 사과가 땅으로 떨어지는 것이라는 것이 뉴턴의 해석이다.

뉴턴은 사과와 지구의 관계로부터 힘이 두 물체 사이에 같은 크기이지만 서로 반대 방향으로 작용한다는 '작용과 반작용의 원리'를 발견한다. 사과와 지구의 예에서 보면 사과가 지구를 잡아당기는 힘과 지구가 사과를 잡아당기는 힘은 크기가 같고 방향이 반대이므로 작용과 반작용의 원리를 따른다.

작용과 반작용의 원리를 쉽게 확인할 수 있다. 뾰족한 돌들이 박혀있는 벽을 손으로 눌러 보라. 그럼 벽은 여러분의 손이 누르는 힘을 받는다. 하지만 여러분의 손도 벽이 반대방향으로 미는 힘을 받는다. 그 힘을 받아서 여러분의 손이 아프게 된다.

페스트가 사라진 1667년 뉴턴은 케임브리지 대학으로 돌아갈 수 있었다. 그리고 1669년 뉴턴은 26살의 나이로 케임브리지 대학의 교수가 되었다. 교수가 된 뉴턴은 학생들에게 수학과 물리를 가르쳤다. 하지만 뉴턴의 강의가 너무 어려워 수업을 듣겠다는 학생은 아주 적었다.

▶ 케임브리지 대학 트리니티 칼리지

뉴턴은 다시 천체들이 영원한 운동을 하는 이유에 대해 고민했다. 그리고는 태양을 중심으로 공전하는 행성들과 태양 사이에는 만유인력이라는 힘이 존재한다는 것을 알아냈다. 이 힘은 태양의 질량과 행성의 질량의 곱에 비례하고 태양과 행성 사이의 거리의 제곱에 반비례한다는 것을 알아냈다. 이 힘은 서로를 잡아당기는 인력인데 여기서 뉴턴은 새로운 고민에 빠졌다. 천체들 사이에 서로를 잡아당기는 힘이 작용하는데 왜 두 천체는 서로 달라붙지 않을까? 뉴턴은 행성이 태양주위를 원운동 – 정확하게는 타원운동 – 을 하기 때문이라는 것을 알아냈다.

양동이에 물을 가득 담고 거꾸로 뒤집으면 양동이의 물이 바닥에 떨어진다. 이것은 지구가 물을 잡아당기는 만유인력 때문이다. 하지만 양동이를 빙글빙글 돌리면 양동이가 뒤집어져도 양동이 속의 물은 바닥에 떨어지지 않는다. 뉴턴은 달이 지구 주위를 빙글 빙글 돌면서도 지구로 떨어지지 않는 이유는 바로 달이 지구를 주위로 원운동을 하고 있기 때문임을 알아냈다.

이렇게 원 운동하는 물체는 원운동을 하게 하는 힘이 있어야 하는 데 그 힘을 뉴턴은 구심력이라고 불렀다. 달이 지구주위를 원운동을 하게 하는 힘은 바로 만유인력이다. 그러므로 달과 지구 사이의 만유인력이 바로 구심력이다.

이 시기에 뉴턴은 새로운 망원경을 발명했다. 그 당시까지의 망원경은 렌즈를 이용하는 망원경이었다. 하지만 렌즈를 이용하면 빛의 굴절 때문에 상이 흐리게 보여 우주를 정확하게 관측할 수 없었다. 뉴턴은 다른 원리로 망원경을 만들어 보기로 했다. 그것은 렌즈 대신 거울을 이용하는 것이었다. 이것은 거울을 통해 빛을 반사시켜 물체를 크게 볼 수 있으므로 반사망원경이라고 부른다.

▶ 뉴턴의 반사망원경

뉴턴은 1671년 반사망원경을 영국 왕립학회에 제출했고 그 덕에 1671년부터 왕립학회의 회원이 되었다. 1687년 뉴턴은 만유인력과 운동의 법칙을 다룬《프린키피아》라는 책을 출간했다. 그 후 1703년 영국 왕립학회의 회장이 되었고 1705년에는 영국 앤여왕으로부터 기사 작위를 받고 과학자중 최초로 '경(Sir)'의 칭호를 받게 되었다. 1727년 뉴턴은 84세의 나이로 조용히 눈을 감았고 성대한 장례식과 함께 웨스트민스터 성당에 묻혔다.

활동수업

1) 질량과 무게의 차이에 대해 알아보자. 일상생활에서 질량과 무게를 제대로 구별하지 않고 쓰는 예를 찾아보자.

과학서술수업

1) 줄에 매단 돌멩이를 빙글빙글 돌릴 때 구심력은 어떤 힘인가?

답 줄의 장력이 구심력 역할을 한다.

2) 자동차가 회전을 할 때 구심력은 어떤 힘인가?

답 자동차 타이어와 지면과의 마찰력이 구심력 역할을 하여 차가 회전할 수 있게 해준다. 그러므로 눈길이나 빗길에서는 마찰력이 작아 제대로 구심력을 받지 못해 제대로 회전하지 못하는 일이 생긴다.

3) 정지해 있는 공에 힘을 작용했더니 공이 1초 후 초속 5미터의 빠르기가 되었다. 이 공에 세 배의 힘을 작용하면 1초 후 공의 빠르기는 얼마가 되는가?

답 물체에 작용한 힘과 물체의 빠르기의 변화는 서로 비례합니다. 그러므로 공에 작용한 힘이 세 배로 되면 1초 후 공의 빠르기도 3배가 됩니다. 그러므로 공은 1초 후 초속 15미터의 빠르기가 됩니다.

교과 연계 내용

만유인력과 중력

질량을 가진 두 물체는 서로를 끌어당기는 만유인력이 존재한다. 질량이 A(kg)인 물체와 질량이 B(kg)인 물체가 어떤 거리 R만큼 떨어져 있을 때 만유인력의 크기는 다음과 같다.

$$(\text{만유인력}) = \frac{0.000000000067 \times A \times B}{R^2} \text{ (N)}$$

여기서 N은 뉴턴이라고 읽고 힘의 단위이다. 이 때 두 물체 사이의 거리는 두 물체의 중심과 중심사이의 거리이다.

예를 들어 질량이 1kg인 두 물체가 거리 1m 떨어져 있다고 하자. 이 때 두 물체 사이의 만유인력은 다음과 같다.

$$(\text{만유인력}) = \frac{0.000000000067 \times 1 \times 1}{1^2} = 0.000000000067\ (\text{N})$$

이번에는 지구 표면에 있는 물체와 지구 사이의 만유인력을 계산해 보자. 지구의 중심과 물체와의 거리는 지구의 반지름이다. 지구의 질량과 반지름을 다음과 같다.

$$\text{지구의질량} = 6000000000000000000000000kg$$

$$\text{지구의반지름} = 6370000m$$

이 값들을 공식에 넣으면 사과가 받는 만유인력은 다음과 같다.

$$(\text{만유인력}) = (\text{사과의질량}) \times 10(\text{N})$$

힘은 질량과 가속도의 곱이므로 물체가 받는 가속도는 10m/s^2이다. 이렇게 지구가 물체를 잡아당기는 만유인력을 지구의 중력이라고 부르고 이 가속도를 중력가속도라고 부른다. 예를 들어 물체의 질량이 1kg이라면 물체가 지구로부터 받는 힘은 10N이 된다.

중력가속도의 값은 지구가 아닌 다른 행성이나 위성에서는 달라진다. 예를 들어 달의 경우는 중력가속도의 값이 지구의 중력가속도의 값의 6분의 1이 된다. 그러므로 물체가 받는 중력이 달에서는 지구에서 보다 6분의 1이 된다. 그래서 달에서는 지구에서보다 쉽게 높은 곳까지 점프 할 수 있다.

06

은하의 신비에 빠진 과학자

1 푸른 하늘 은하수! 너의 정체는? - 허셜

▶ 허셜

태양이 은하를 이루는 수많은 별들 중 하나라는 것을 처음 알아낸 사람은 독일의 천문학자 허셜이다. 더욱이 허셜은 자신이 손수 만든 망원경으로 천왕성을 처음 발견했다.

허셜은 1738년 독일 하노버에서 군악대의 오보에 연주자였던 아이작 허셜의 아들로 태어났다. 허셜의 아버지는 허셜을 훌륭한 연주자로 만들기 위해 아주 엄격하게 음악교육을 시켰다. 그래서 연주하다가 조금만 틀려도 허셜은 아버지에게 크게 혼나곤 했다. 하지만 허셜의 아버지는 허셜에게 지구본을 사주면서 음악을 공부하는 틈틈이 우주에 대한 많은 이야기를 들려주었다. 허셜의 아버지는 허셜에게 지구가 태양의 주위를 도는 세 번째 행성이라는 것과 태양과 지구 사이에 만유인력이라는 힘이 작용하여 지구가 태양 주위를 원을 그리며 돌 수 있다는 것도 알려주었다.

1752년 14세가 된 허셜은 아버지가 일하고 있는 군악대에 들어갔다. 군악대의 일원이 된 후에도 아버지의 엄격한 음악교육은 계속되었다. 1755년 프랑스와 영국이 전쟁을 시작하였고 독일은 영국을 도와 치열한 전투에 참가하게 되었다. 그러자 허셜은 전쟁을 피해 1757년 형 야콥과 함께 대음악가를 꿈꾸며 영국으로 건너갔는데 꿈과는 달리 일거리가 좀처럼 생기지 않았다. 그 후 형은 오케스트라의 일원이 되었고 허셜은 악보를 베끼는 일로 생활을 겨우 해나갈 수 있을 정도의 작은 돈을 벌었다. 그러나 5년 후 허셜은 음악가로서 인정을 받아 작은 교회에서 상류 계급의 사람들 앞에서 오르간을 칠 수 있게 되었다.

음악 교사가 되어 생활이 안정되어 30세가 되어갈 무렵 허셜은 점점 음악에 대한 열정이 식었다. 대신 어린 시절 아버지에게 배웠던 천문학에 대한 관심이 많아졌다. 맨 처음에는 페르크손이 쓴『천문학』이란 책으로 공부하였는데 그 책 속에는 은하 등 망원경을 사용하여 발견한 여러 내용이 씌어 있었다. 허셜은 망원경을 만들어 남들이 발견하지 못했던 새로운 별을 찾고 싶었다. 허셜이 망원경을 만들기 시작한 무렵에 여동생 캐롤라인이 와서 천문학을 같이 공부하면서 그를 도와주었다. 두 사람은 어떻게 하면 더 잘 보이는 망원경을 만들 수 있을 지에 대해 토론하면서 직접 망원경을 만들기도 하고 망원경을 수리하기도 하면서 매일 우주의 별들을 관찰했다. 이 당시 두 사람은 어두운 별을 보기위해서는 빛을 가득 모을 수 있도록 망원경 속의 거울의 지름을 크게 해야 한다는 것을 알게 되었다.

하지만 당시 사용되고 있던 거울은 주석과 구리를 섞어서 만든 것이라 빛을 반사하는 비율이 낮았다. 두 사람은 전에 사용했던 거울에서 주석과 구리의 비율을 바꾸어 반사가 더 잘 되는 거울을 만들어 망원경에 장착했다. 그러자 전보다 더 어두운 별도 볼 수 있게 되었다.

▶ 허셜의 초 대형 망원경

1781년, 여느 때처럼 우주를 관측하던 허셜과 동생 캐롤라인은 우연히 낯선 천체를 발견했다. 그 천체는 쌍둥이자리의 한쪽 구석에서 푸르스름한 빛을 내며 천천히 움직이고 있었다. 두 사람은 처음 이 천체가 태양주위로 접근하는 새로운 혜성이라고 생각했다. 두 사람은 이 사실을 영국의 그리니치 천문대에 알렸다. 그리곤 매일 그 천체의 위치를 관측했다. 그리고 두 달 동안 관측한 결과 이 천체가 토성 보다 훨씬 바깥에서 태양의 둘레를 돌고 있다는 것을 알아냈다. 그런데 놀랍게도 이 천체가 도는 궤도는 지구와 화성처럼 타원 모양을 그린다는 것을 알아냈다.

이것이 바로 이 천체가 혜성이 아니라 지구나 화성처럼 태양의 주위를 도는 행성이라는 증거였다. 즉 두 사람은 태양의 일곱 번째 행성을 발견한 것이었는데 이 천체가 바로 천왕성이다. 천왕성의 발견 전까지는 태양계가 토성까지였지만 태양에서 천왕성까지의 거리가 태양에서 토성까지의 거리의 두 배 이상이기 때문에 태양계는 전 보다 훨씬 더 넓어지게 되었다.

▶ 허셜이 천왕성을 발견한 망원경

천왕성의 발견으로 허셜은 1782년 영국의 왕실 천문학자로 임명되었다. 이때부터 허셜은 음악가로서의 길을 그만 두고 천문학 연구에만 주력했다. 허셜은 다음 연구 대상은 우주의 수많은 별들이었다. 별은 우주를 이루는 성간물

▶ 천왕성

질들이 뭉쳐서 만들어지는데 성간물질의 주성분은 가벼운 수소 기체이다. 즉, 모든 별들은 주로 수소로 이루어져 있다.

그렇다면 우주에는 별들이 골고루 분포되어 있을까? 그렇지는 않다. 많은 별들이 모여 있는 곳이 있는가 하면 또 어떤 지역에는 별이 하나도 없는 지역도 있다. 많은 별들이 모여 있어 마치 별들의 섬처럼 보이는 곳을 은하라고 부르는데 태양도 다른 많은 별들과 함께 은하 속에 있는 데 태양이 속해있는 은하를 우리은하라고 부른다.

허셜은 우리 은하가 어떻게 생겼는지가 궁금했다. 그래서 1785년 허셜은 밤하늘을 여러 부분으로 나누어 각 부분의 별의 수와 별의 움직임을 기록했다. 이것은 우리 은하의 모습을 알기 위해서였다.

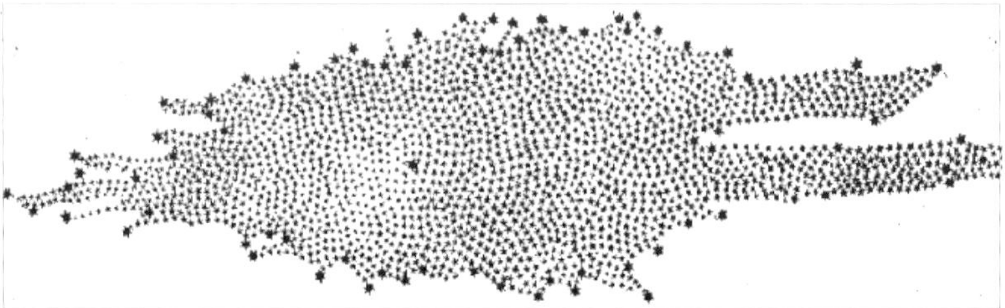

▶ 허셜이 그린 우리 은하의 모습

나무들이 울창한 숲 속에 여러분이 있다고 해 보자. 이 때 숲의 모양이 어떤 모습인지를 어떻게 알 수 있을까? 자신의 위치에서 여러 방향으로의 나무의 수들을 헤아리면 숲의 모습을 대략 알 수 있다. 이 때 숲은 은하로 나무들을 별로 비유할 수 있다. 숲에서 여러 방향으로 나무를 보면 수평방향으로는 나무들이 빽빽하지만 머리 위로는 나무가 없다. 그러므로 숲의 모양은 바닥에 붙어 있는 납작한 모양이 된다.

허셜의 관측도 이와 비슷했다. 어떤 방향으로는 빙 둘러 별들이 빽빽하게 늘어서 있지만 그와 수직인 방향으로는 별들이 드물었다. 이 관측으로부터 허셜은 우리 은하가 납작한 원반 모양이라는 것을 알아냈다.

▶ 옆에서 본 우리 은하의 모습

어두운 밤하늘을 보면 하늘을 가로질러 한쪽 지평선에서 반대쪽 지평선으로 이어지는 희미한 흰색의 띠가 있다. 이것은 수십억 개의 별들이 만드는 우리 은하의 일부분인데 이것이 물처럼 흘러가는 것처럼 보여 은하수라고 부른다. 은하수는 한여름에 백조자리 근처에서 더 잘 보이고 북반구보다는 남반구에서 더 잘 보이며 구름이 없을 때 더 잘 보인다. 망원경으로 은하수를 최초로 관측한 사람은 갈릴레이이다. 갈릴레이는 은하수가 아주 많은 별들로 이루어져 있다는 것을 처음으로 알아냈다.

허셜은 은하수가 은하의 대부분의 별들이 빽빽하게 모여 있는 곳이라는 것을 알아냈다. 그 후 원반의 중심에는 별들이 빽빽하게 모여 있고 중심에서 먼 곳에는 별들이 드문드문 놓여 있다는 것이 천문학자 샤플리에 의해 알려졌다. 태양은 우리 은하의 중심에 있지 않기 때문에 우리는 은하의 중심에 있는 많은 별들의 모임인 은하수를 보게 되는 데 현재의 관측에 의하면 우리 은하는 지름이 10만 광년인 원반모양이고 태양은 이 원반의 중심에서 2만 6천 광년 떨어진 곳에 놓여있다. 우주는 너무나 크기 때문에 킬로미터로 나타내기에는 곤란하다. 그래서 광년이라는 새로운 거리 단위를 사용하는 데 1광년은 빛의 속력으로 1년 동안 간 거리를 나타낸다.

▶ 위에서 본 우리 은하의 모습

1787년 허셜은 올드윈저로 이사했고 이듬해에는 근처의 슬라우로 이사하여 남은 생애를 보냈다. 허셜은 달이 없고 날씨가 좋은 밤이면 언제나 여동생 캐롤라인과 함께 밤하늘을 관측했다. 흐린 밤에는 파수꾼을 세워 구름이 걷히면 우리를 부르도록 했다. 종종 낮 시간에 허셜이 망원경 제작을 지휘하는 동안 여동생 캐롤라인은 허셜의 연구결과를 요약하곤 했으며, 제작한 망원경 중 많은 것을 우리의 연구비용을 위해 팔기도 했다. 허셜이 제작한 가장 큰 망원경은 반지름 122㎝, 초점거리 12m인 금속반사경으로 만들어진 거울이 달려 있어 일상적으로 사용하기에는 부담스러울 정도로 큰 것이었다. 1789년 완성된 이것은 18세기의 위대한 발명품 중의 하나이다.

허셜이 이룩한 업적은, 그가 천문학 분야에 직업적으로 뛰어들었던 것이 중년이 되었을 때였다는 것을 고려한다면, 그의 모든 것을 바침으로써 그리고 캐롤라인의 헌신적인 도움에 의해 가능했다. 1786년 친구이자 이웃인 존 피트가 죽기 전까지는 결혼하려는 생각이 없었는데, 존 피트의 미망인인 메리가 매우 매력적이고 상냥한 여성이었기에 얼마 되지 않아 허셜은 그녀에게 청혼하고 1788년 5월 8일에 결혼한 후 두 사람의 보금자리를 하우스 천문대로 정한 뒤 천문학에 관한 일을 계속했다.

활동수업

1) 1광년은 빛의 속력과 1년의 곱이다. 1년을 초로 바꾸고 전자계산기를 이용하여 1광년을 킬로미터로 나타내 보자.

답 빛의 속력은 초속 30만 킬로미터이다. 1년은 364일이고 하루는 24시간이고 1시간은 3600초이므로

$$1\text{년} = 365 \times 24 \times 3600 = 31536000(\text{초})$$

이 된다. 1광년은 빛이 일 년 동안 간 거리이므로 이것은 빛의 속력에 1년을 초로 바꾼 값을 곱하여 얻어진다.

$$1\text{광년} = 300000 \times 31536000$$
$$= 9460800000000(km)$$

과학서술수업

1) 지구는 우리 은하의 중심에 있는가? 아니면 가장자리에 있는가?

답 우리 은하는 중심에는 별들이 많이 모여 있고 가장자리로 갈수록 별들이 희박한 납작한 원반모양이다. 그리고 태양은 우리 은하의 중심에서 멀리 떨어진 가장자리에 있으므로 지구도 우리 은하의 가장 자리에 위치한다.

2) 우리는 흔히 '초록별 지구' 라는 표현을 사용한다. 이 표현은 과학적으로 옳은가? 옳지 않다면 그 이유를 설명하라.

답 별은 스스로 빛과 열을 내는 천체로 항성이라고 부른다. 그리고 항성의 주위를 원운동하는 천체를 행성이라고 하고 행성의 주위를 원 운동하는 천체를 위성이라고 한다. 그러므로 지구는 별이 아니라 태양의 주위를 원 운동하는 행성이다. 그러므로 '초록 행성 지구'로 고쳐 써야 한다.

교과 연계 내용

천왕성은 어떤 행성인가?

천왕성은 태양으로부터 28억 8천만 km나 떨어져있으며, 태양의 둘레를 약 84년마다 한 바퀴씩 돈다. 자전 주기는 약 10시간 50분 정도인데, 자전축이 공전 궤도면에 대해 약 98도나 기울어져 있어서, 옆으로 누운 채 태양을 돌고 있다. 천왕성의 지름은 지구 지름의 약 3.7배이며, 질량은 지구 질량의 14.5배나 된다. 망원경을 통해 본 천왕성은 푸른색을 띠고 있다. 이것은 목성이나 토성에 비하여 메탄의 비율이 많기 때문이라고 한다. 천왕성의 대기도 수소, 메탄, 헬륨 등으로 이루어져있다. 천왕성은 18개의 위성과 토성의 고리보다 훨씬 가는 11개의 고리를 가지고 있다.

18개의 위성 중 주요 위성은 오베론, 미란다, 타이타니아, 움브리엘 등 5개이다. 이 위성들은 모두 얼음과 암석으로 되어있으며, 밀도는 목성의 갈릴레이와 비슷하다고 알려졌다. 위성 중 미란다의 표면은 복잡한 지형으로 되어있다.

2 태양의 막내 행성을 찾아서 - 르베리에, 애덤스, 갈레

태양계의 마지막 행성인 해왕성은 어떻게 발견이 되었는지 알아보자. 우선 해왕성의 발견 얘기를 하기 앞서 티티우스-보데 법칙에 대해 알아보자.

1766년 비텐베르크 대학의 교수였던 티티우스는 행성들 사이의 간격에 일정한 규칙이 존재한다는 것을 알아냈다. 이 사실은 1772년 보데가 쓴 책에 소개되었는데 이 규칙을 티티우스-보데의 법칙이라고 부른다.

▶ 티티우스

태양에서 각각의 행성까지의 거리를 조사해 보자. 우선 그것을 위해서는 천문단위(AU)에 대해 알 필요가 있다. 1 AU는 지구에서 태양까지의 거리인 1억5천만 킬로미터를 나타낸다. 이제 AU 단위로 태양에서 각 행성까지의 거리를 알아보자.

다음과 같은 수열을 보자.

0, 3, 6, 12, 24, □, □, □

□안에 들어갈 숫자를 쉽게 찾을 수 있을까? 물론이다. 처음 숫자인 0을 제외하고는 앞의 숫자에 2를 곱하면 된다. 그러므로 다음과 같다.

0, 3, 6, 12, 24, 48, 96, 192

각각의 숫자에 4를 더해 보자.

4, 7, 10, 16, 28, 52, 100, 196

각각의 숫자를 10으로 나눠 보자.

0.4, 0.7, 1, 1.6, 2.8, 5.2, 10, 19.6

이것이 태양으로부터 각 행성까지의 거리를 AU 단위로 나타낸 것이다. 다시 말하면 다음과 같다.

수성까지의 거리 = 0.4 AU

금성까지의 거리 = 0.7 AU

지구까지의 거리 = 1.0 AU

화성까지의 거리 = 1.6 AU

소행성대까지의 거리 = 2.8 AU

목성까지의 거리 = 5.2 AU

토성까지의 거리 = 10.0 AU

천왕성까지의 거리 = 19.6 AU

티티우스의 예측은 허셜이 발견한 천왕성에 대해서도 완벽하게 적용되었다. 그의 수열에서는 태양에서 2.8AU 되는 위치에 행성이 있을 것으로 추측되었는데 그 지역에는 새로운 행성이 없고 수 천개의 소행성들이 모여 있는 소행성대가 있었다. 이것은 원래 그 지역에 행성이 있었지만 거대한 질량을 가진 목성이 그 행성에 큰 만유인력을 작용해 행성을 이루지 못하고 여러 개의 작은 소행성들로 분열된 것으로 여겨진다.

티티우스-보데의 법칙이 알려진 후 천문학자들은 천왕성 바깥의 행성을 찾으려고 시도했다. 천왕성의 궤도를 관측하던 프랑스의 수학자 르베리에와 영국의 수학자 애덤스는 천왕성이 천왕성 밖에서 당기는 어떤 힘 때문에 똑바로 가지 못하고 한다는 사실을 알아냈다.

▶ 르베리에

▶ 애덤스

두 사람은 제 각기 천왕성 밖에 새로운 행성이 있다고 가정하고 뉴턴의 만유인력의 법칙을 이용하여 천왕성의 변덕스러운 움직임을 설명하는 지루하고도 긴 계산에 뛰어 들었다. 서로 만난 적도 없던 두 사람은 거의 동시에 같은 결과를 이루어냈다. 그리고 1864년 갈레가 르베리에와 애덤스가 말한 위치에서 천왕성 밖의 행성인 해왕성을 발견했다.

▶ 갈레

▶ 해왕성

활동수업

1) 인터넷을 통해 해왕성 발견에 얽힌 일화를 조사해 정리해 보자.

과학서술수업

1) 태양으로부터 해왕성까지의 거리는 30.1AU이다. 이것이 티티우스-보데의 법칙을 만족하는지 확인하라.

답 해왕성은 티티우스-보데의 법칙을 만족하지 않는다. 티티우스-보데의 법칙에 따르면 여덟 번째 행성의 위치는 태양으로부터 38.8AU 떨어진 곳이어야 한다. 하지만 해왕성은 그 보다 훨씬 안쪽 궤도를 돌고 있다.

교과 연계 내용

해왕성

해왕성은 태양계의 마지막 행성이다. 해왕성은 8개의 행성 중 네 번째로 크고 세 번째로 무거운 행성이다. 해왕성의 질량은 지구의 17배로, 질량이 지구의 15배인 천왕성보다 약간 더 무겁다. 태양으로부터 해왕성까지의 거리는 30.1 AU이며, 지구와 태양 사이 거리의 대략 30배에 해당한다.

해왕성의 구성 성분은 천왕성과 비슷하다. 목성과 토성의 대기에 수소와 헬륨이 대량 포함되어 있지만 해왕성의 대기는 아주 작은 양의 탄화수소와 질소를 포함하고 있으며, 표면은 물, 암모니아, 메탄 등이 얼어붙어 있다.

07

우주는 유한한가? 무한한가?

1 밤은 왜 어둡지? - 올버스

허셸은 은하수를 관측하고 별의 분포에 관한 연구를 하고 나서 우주에는 중심이 없고 무한하다고 주장했고 그의 생각은 19세기에 지배적인 생각이 되었다. 그의 주장에 따르면 은하는 무한히 넓은 우주에 거의 균일하게 분포한다.

▶ 올버스

어린아이에게 "밤이 왜 어둡지?"라고 물으면 아이는 "해가 졌으니까요."라고 말할 것이다. 뉴턴이나 허셜의 생각대로 별들이 무한한 우주에 고르게 분포되어 있다면 별이 무한히 많아 우리가 어느 방향을 보든 별빛을 보게 되므로 밤하늘이 낮처럼 환해져야 되는 것 아닐까 하는 의문을 가진 사람은 독일의 아마추어 천문학자 올버스이다. 그의 이름을 따서 이 패러독스를 올버스 패러독스라고 부른다.

올버스는 1758년 독일의 아르베르겐에서 태어났다. 그는 괴팅겐 대학에서 물리학을 공부했고 1780년 대학 졸업 후에는 밤마다 천문관측을 했다. 이 시기에 그는 혜성의 궤도를 계산하는 정확한 방법을 고안했다.

역사적으로 따져보면 우주가 무한하다면 밤하늘이 밝아야만 할 것이라고 최초로 확신한 사람은 케플러의 법칙으로 유명한 케플러였다. 그러므로 올버스 파라독스는 사실 케플러 파라독스라고 불려야 마땅하다. 케플러의 주장에 대해 핼리혜성을 발견한 것으로 유명한 핼리는 1720년 밤하늘이 어두운 이유는 먼 곳에서 온 별 빛이 너무 희미하여 우리 눈으로 감지될 수 없기 때문이라고 주장했다. 먼 곳에 있는 별 빛의 세기가 우리에게 도달 할 때의 세기는 별과 지구사이의 거리의 제곱에 반비례하여 줄어들기 때문에 우주가 무한하더라도 무한히 먼 곳에 있는 별빛의 세기는 0이므로 지구의 밤하늘을 밝게 할 수 없다고 생각했다. 하지만 핼리의 생각은 우주 속의 별들의 분포가 균일하다고 가정할 경우에는 모순을 불러일으킨다. 핼리의 생각에 대해 케플러는 다음과 같이 반박했다.

지구로부터 10광년 떨어진 곳에 10개의 별이 있다고 가정하자. 이 들 열 개의 별로부터 지구에 오는 빛의 세기가 1이라고 하자. 그러므로 하나의 별에서 오는 빛의 세기는 $\frac{1}{10}$이다. 별 들이 우주 공간에 균일하게 분포되어 있다고 가정하면 지구로부터 100광년 떨어진 곳에는 1000개의 별이 있어야 한다.

왜 그럴까? 우주에 분포하는 별의 밀도가 균일하다면 지구로부터 10광년 떨어진 별들은 지구를 중심으로 반지름이 10광년인 구의 표면에 존재한다. 마찬가지로 지구로부터 100광년 떨어진 별들은 지구를 중심으로 하고 반지름이 100광년인 구의 표면에 존재한다. 그런데 각각의 구의 표면에 대해 별의 밀도가 같으므로 각각의 구 표면의 별의 개수와 구의 표면적은 일정한 비 값을 이룬다. 구의 표면적은 반지름의 제곱에 비례하므로 지구로부터 100광년 떨어진 곳에 있는 별의 개수는 □개라고 하면 다음과 같은 비례식이 성립한다.

$$10^2 : 10 = 100^2 : \square$$

여기서 □를 구하면 1000이므로 지구로부터 100광년 떨어진 곳에는 별이 1000개 존재한다고 볼 수 있다.

빛의 세기는 거리의 제곱에 반비례한다. 그렇다면 지구로부터 100광년 떨어진 곳에 있는 별 하나의 빛의 세기는 지구로부터 10광년 떨어진 곳에 있는 별 하나의 빛의 세기의 $\frac{1}{100}$인 $\frac{1}{10} \times \frac{1}{100} = \frac{1}{1000}$이 된다. 100광년 떨어진 곳에는 별이 1000개 있으므로 1000개의 별 빛의 세기를 모두 더하면 $\frac{1}{1000} \times 1000 = 1$이 된다.

같은 식으로 지구로부터 1000광년 떨어진 곳에 있는 별들에 의한 빛의 세기도 1이 되고, 10000광년 떨어진 곳에 있는 빛의 세기도 1이 되므로 우주가 무한하다면 무한히 많은 별 들로부터 오는 빛의 세기는

$$1+1+1+1+\dots$$

이 되어 무한히 큰 값이 된다. 빛의 세기가 무한히 크다는 것은 밤하늘이 눈이 부시게 밝다는 것을 뜻한다.

케플러는 이런 생각을 들어 밤하늘이 그리 밝지 않으므로 우주의 크기는 유한하고 별의 개수도 유한하다고 주장했다.

케플러의 유한 우주에 반기를 든 대표적인 물리학자는 뉴턴이다. 뉴턴은 만유인력 때문에 우주가 무한해야 한다고 주장했다. 만일 우주가 유한하다면 유한 개의 별들이 있다. 별들은 질량을 가지고 있기 때문에 별들 사이에는 서로를 잡아당기는 만유인력이 존재한다. 그러므로 우주가 유한하다면 모든 별들이 만유인력에 의해 서로 달라붙어 버리게 되므로 우주는 무한한 크기를 가져야 한다는 것이 그의 생각이었다.

이렇게 우주가 유한한 크기를 갖는 지, 무한한 크기를 갖는 지에 대해서는 수많은 천문학자들의 의견이 분분했다.

다시 원점으로 돌아간 문제를 1823년 올버스가 해결하겠다고 나섰다. 소행성 팔라스와 베스터를 발견한 올버스는 밤하늘이 어두운 이유는 먼 곳에서 온 별 빛이 지구와 별들 사이에 있는 성간물질에 의해 흡수되기 때문이라고 주장해 우주는 무한하지만 밤은 어두울 수밖에 없다고 주장해 케플러 패러독스를 해결하려 했다.

그러나 이것도 문제가 생겼다. 올버스의 설명에 반론을 제기한 사람은 허셜이었는데 그는 성간물질이 별 빛을 흡수하는 것은 맞지만 성간물질에 흡수된 빛은 곧바로 방출되기 때문에 케플러의 계산대로 지구에 오는 모든 별 빛의 세기의 합은 무한히 큰 값이 되어 우주가 무한하다면 밤하늘은 밝아야한다고 주장했다. 밤하늘이 어두운 이유에 대해 이렇게 대립되는 주장이 오고갔기 때문에 이 문제를 처음 논쟁 속으로 밀어 넣은 올버스의 이름을 따서 이러한 패러독스를 올버스 패러독스라고 부르는 것이다.

활동수업

1) 밤하늘이 어두운 이유에 대해 자신의 생각을 말해보자.

과학서술수업

1) 100광년 떨어진 곳에 있는 빛의 세기는 1광년 떨어진 곳에 있는 빛의 세기의 몇 배인가?

답 빛의 세기는 거리의 제곱에 반비례하므로 100광년 떨어진 곳에 있는 빛의 세기는 1광년 떨어진 곳에 있는 빛의 세기의 $\frac{1}{100^2}=\frac{1}{10000}$(배)가 된다.

교과 연계 내용

성간물질

우주에서 가장 많은 원소는 수소이다. 우주가 처음 태어나던 당시에는 모두 수소였지만 우주가 지금까지 137억년을 살아오면서 수소 중 일부가 헬륨으로 바뀌었고 그러한 과정은 지금도 계속 진행되고 있다. 별과 별 사이에는 물질이 아무것도 없는 것처럼 보이지만 사실 수소나 헬륨 같은 기체와 아주 작은 고체입자들이 있다. 수소나 헬륨 같은 기체의 밀도는 1세제곱센티미터에 원자 1개정도로 낮은 편이다. 이렇게 별과 별 사이에 있는 기체 상태의 물질을 성간가스라고 부른다. 또한 아주 작은 고체입자를 우주먼지라고 부르는 데 1970년 미국의 전파 망원경에 의해 처음 발견되었다. 우주먼지의 종류는 물, 철, 규소의 산화물 또는 메탄, 암모니아 같은 유기물질로서 그 크기는 10만 분의 1 센티미터 정도이다. 우주먼지의 밀도는 큰 방에 1개 정도로 아주 적다. 이렇게 우주공간에서 별과 별 사이에 존재하는 성간 가스와 우주 먼지를 합쳐 성간 물질이라고 부른다.

2 우주는 무한한가? 유한한가? - 아인슈타인, 프리드만

우주는 어떻게 생겼을까? 이 의문에 대해 처음 우주 모형에 대한 아이디어를 낸 과학자는 상대성 이론과 우주방정식으로 유명한 아인슈타인이다.

▶ 아인슈타인

아인슈타인은 독일의 울름에서 태어났다. 아인슈타인은 네 살이 되어도 말도 제대로 못했지만 바이올린을 무척 좋아해 다섯 살 때부터 연주를 할 수 있었다. 평범했던 아인슈타인인 과학을 좋아하게 된 것은 다섯 살 때 아버지가 주신 '나침반' 때문이었다. 혼자 놀기를 좋아했던 아인슈타인에게 나침반은 좋은 친구가 되었다. 아인슈타인은 나침반의 바늘이 항상 왜 북쪽을 가리키고 있는 것을 신기하게 생각했고 이것이 과학적 호기심의 시작이었다.

▶ 네 살 때의 아인슈타인

아인슈타인은 뮌헨에서 중.고등학교를 다녔는데, 수학과 물리학을 무척 좋아했다. 대신 다른 과목들은 별로 좋아하지 않았다. 그래서 그는 스위스 연방 공과 대학의 입학시험에 불행히도 떨어졌다. 하지만 1년을 더 공부해서 이 대학 물리학과에 들어갔다.

▶ 스위스 연방공과대학

아인슈타인은 대학을 졸업한 뒤, 계속 공부를 하지 못하고 스위스 베른에 있는 특허국 공무원으로 일했다. '낮에는 일하고 밤에는 공부한다.'는 말이 바로 이 시절, 아인슈타인의 모습이었다. 이 시기에 아인슈타인은 밤마다 물리학에 대한 연구를 했고, 일주일에 한 번씩 친구들과 물리에 대해 토론하는 모임을 만들기도 했다.

1905년, 아인슈타인은 광전효과, 브라운운동, 상대성이론에 대한 세 편을 논문을 발표했다. 이 업적으로 아인슈타인은 1921년에 노벨 물리학상을 받았다. 상대성이론은 빛의 속력처럼 빠르게 움직이는 물체의 운동에 대해서 성립하는 새로운 운동이론이다. 상대성이론에 의하면 빛처럼 빠르게 움직이면, 미래로 갈 수 있게 되는 데 이것이 바로 미래로 가는 타임머신이다.

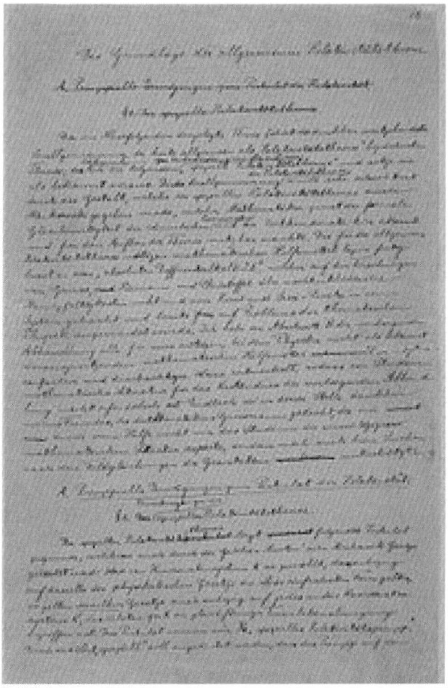

▶ 상대성이론에 대한 아인슈타인의 자필노트

1909년에 아인슈타인은 스위스 연방 공과 대학의 교수가 되었고, 1914년에는 독일 베를린 대학의 교수가 되었다. 상대성이론을 완성한 후 아인슈타인은 '우주'로 눈을 돌렸다. 아인슈타인은 뉴턴의 3차원 우주 대신 4차원의 우주를 생각했다. 여기서 4차원이란 3차원 공간에 시간을 추가한 것을 말하며 흔히 시공간이라고도 부른다.

아인슈타인은 4차원 우주 속에는 수 많은 천체들이 있고 이들 천체들은 중력을 가지고 있기 때문에 그들의 중력이 우주를 휘게 한다고 믿었다. 그리고는 유명한 자신의 우주 방정식을 발표했다. 그것은 간단하게 풀어서 설명하면 다음과 같다.

"어떤 지점에서의 우주의 곡률은 그 지점에서의 중력에 비례한다."

여기서 곡률이란 휘어진 정도를 나타내는 양으로 이 값이 크면 크게 휘어진 공간을 뜻하고 곡률이 0이면 평평한 공간을 뜻한다. 아인슈타인의 방정식에 따르면, 우주의 한 곳에 중력을 일으키는 천체가 없으면 그 지점에서의 중력은 거의 0이 되므로 그 지점에서의 곡률은 0이 된다. 하지만 그 지점에 중력을 지닌 천체가 있으면 그 부분의 곡률이 0이 아니므로 그 부분이 휘어지게 된다. 예를 들어 태양계를 보면, 태양이 중력이 가장 크므로 태양이 있는 곳에서 가장 크게 휘어진 공간이 되고 달처럼 중력이 작은 곳에서는 적게 휘어지게 된다.

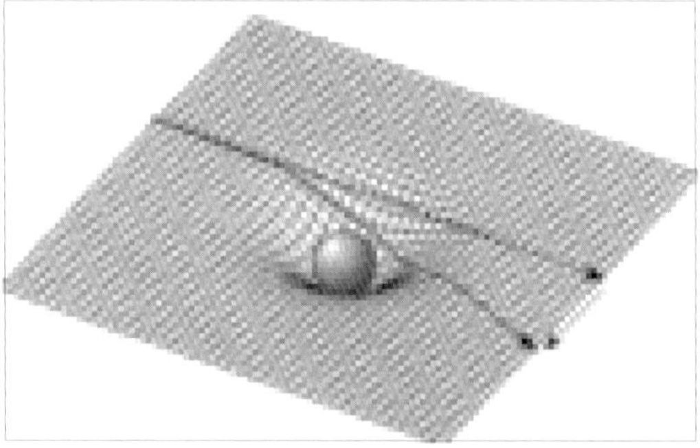

▶ 천체의 중력이 우주를 휘어지게 하는 모습

그러므로 만일 어떤 지점에서 천체의 중력이 엄청나게 커지게 되면 그 부분이 심하게 휘어지게 되는데 이곳에 물체가 가까이 가게 되면 엄청난 중력 때문에 빨려 들어가 도망칠 수 없게 된다. 우주의 이런 지점이 바로 블랙홀이다.

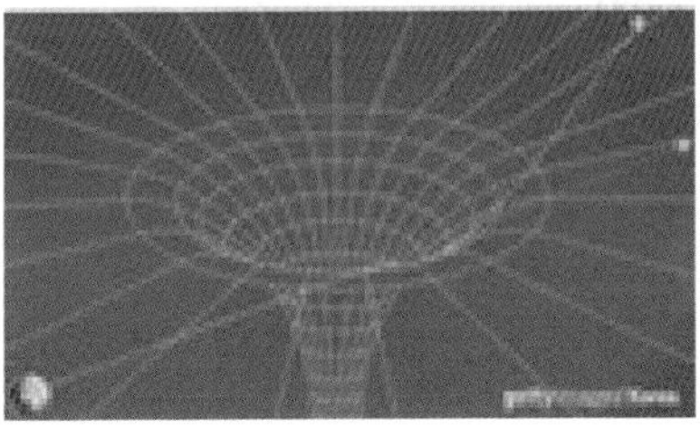

▶ 블랙홀

1917년 아인슈타인은 자신의 우주 방정식을 토대로 우주는 팽창하지도 수축하지도 않는다는 내용의 정적 우주모형을 주장했다. 이 과정에서 아인슈타인은 우주의 천체들 사이에 만유인력뿐 아니라 서로 반발하는 힘이 작용한다고 제안했다. 그리고 만유인력과 반발력이 적절하게 평형을 유지하기 때문에 우주는 항상 그 모습 그대로 정지해 있다는 것이 아인슈타인의 정적 우주모형의 핵심이다. 아인슈타인의 우주 모형에 반기를 든 사람은 러시아의 천문학자인 프리드만과 벨기에의 신부 르메르트이다.

▶ 프리드만

▶ 르메르트

1916년에 발표된 아인슈타인의 우주 방정식을 면밀히 살핀 프리드만과 르메트르의 생각은 아인슈타인의 정적 우주 모형과 달랐다. 결론적으로 말하면 두 사람의 주장은 우주의 크기가 달라져야 하며 현재도 달라지고 있다는 것이다.

우주의 크기가 달라진다면 우주가 팽창하거나 수축한다는 것인데 두 사람의 생각은 현재 우주가 팽창하고 있다는 것이었다. 프리드만은 1922년 "우주는 극도의 고밀도 상태에서 시작되어 점점 팽창하면서 밀도가 낮아졌다"라는 내용의 논문을, 르메트르는 1927년 "우주가 원시원자들의 폭발로 시작됐다"라는 내용의 논문을 각각 발표했다. 그러나 아인슈타인은 그들의 논문을 무시해버렸다.

아인슈타인의 정적 우주 모형과 프리드만의 팽창 우주 모형의 대립은 다음에 등장하는 허블의 관측에 의해 프리드만의 생각이 옳은 것으로 결론지어진다.

창작수업

1) 아인슈타인에 관한 자료를 인터넷에서 찾아 아인슈타인의 전기를 직접 써 보자.

활동수업

1) 미래로 가는 타임머신의 원리과 과거로 가는 타임머신의 원리의 차이를 인터넷에서 조사해 보자.

과학서술수업

1) 뉴턴의 우주모형과 아인슈타인의 우주 모형의 차이는?

답 뉴턴은 우주의 천체들 사이에 인력만이 존재하므로 만일 우주가 유한한 크기를 가지고 있다면 모든 천체들이 달라 붙게 되는 모순이 생기므로 우주는 무한하다고 생각했다. 하지만 아인슈타인은 천체들 사이에 적당한 반발력이 존재해 만유인력과 균형을 이루므로 우주가 유한한 크기를 가지고 있어도 아무 문제 될 것이 없다고 생각했다.

2) 프리드만의 우주모형에 의하면 우주가 처음 시작된 순간 우주의 크기가 거의 0이라고 생각할 수 있는가?

답 그렇다. 프리드만이 생각한 우주 초기는 극도의 고밀도 우주이고 밀도는 질량을 부피를 나눈 값이므로 모든 천체들이 한 점에 달라붙어 있으면 밀도가 극도로 커져 프리드만의 생각과 일치하게 된다.

3 우주가 풍선껌이라고? - 허블

1929년 아인슈타인에게 충격적인 사건이 발생했다. 미국의 천문학자 허블이 우주가 팽창한다는 것을 관측하는 데 성공한 것이다. 그러자, 아인슈타인은「내가 반발력을 도입해 정적 우주 모형을 만든 것은 내 생애 최대의 실수」라고 자신의 잘못을 인정했다. 이로써 아인슈타인과 프리드만의 우주 모형 대결은 프리드만의 승리로 끝났다.

이제 허블의 업적에 대해 알아보자. 허블은 1889년 미국의 마시필드에서 태어났다. 변호사인 아버지의 영향으로 1910년 허블은 시카고 대학 법과를 졸업하고 영국의 옥스퍼드대학교에 진학하였다. 허블은 처음에는 변호사로 일하였으나 천문학에 흥미를 느껴, 1914년부터 여키스천문대에서 천체관측에 몰두하였고, 제1차 세계대전 후인 1919년 윌슨산 천문대의 연구원이 되어 지름 2.5미터인 망원경으로 천문학 관측에 전념하였다.

▶ 허블

우리가 눈으로 보는 별은 모두 우리 은하에 있는 별들이다. 그렇다면 우주에 별들이 모여 있는 은하가 우리 은하뿐일까? 물론 그렇지는 않다. 허블은 우리 은하가 아닌 다른 은하를 최초로 관측했다.

허셜의 우리 은하 발견 이후 1908년까지 천문학자들은 15000여개의 성운을 발견했다. 성운이란 별을 만들지 못한 성간물질들이 구름처럼 퍼져 있어 별 빛을 반사시켜 빛을 내는 천체이다. 천문학자들은 이들 성운 들이 우리 은하 속에 있는 지 아니면 외부에 있는 지에 관심이 많았다. 하지만 이를 위해서는 빛을 많이 모아 더 정확하게 천체를 관측할 수 있는 망원경이 필요했고 그러기 위해서는 망원경의 지름이 커야만 했다.

1917년 미국 시카고 대학에서 천문학 박사가 된 허블은 윌슨산 천문대에서 천문학 연구를 했다. 이 천문대는 당시 세계에서 가장 큰 망원경을 가지고 있었는데 이 망원경의 지름은 무려 2.5미터나 되었다.

▶ 윌슨 산 천문대의 망원경

허블은 이 망원경을 이용하여 지구로부터 90만 광년 떨어진 거리에 있는 별을 발견했다. 그 별은 마치 성운처럼 보이는 천체 속에서 관측되었다. 우리 은하의 지름이 10만 광년이므로 이 별은 우리 은하의 별은 아니었다. 허블은 좀 더 정밀한 관측을 통해 이 별은 새로운 은하의 별이라는 것을 알아냈다. 이것이 바로 우리 은하에서 가장 가까운 은하로 최초의 외부은하인 안드로메다 은하이다.

하지만 당시 별까지의 거리에 대한 허블의 관측은 그리 정확하지 않았다. 최근의 관측 자료에 의하면 안드로메다은하까지의 거리는 약 230

만 광년으로 알려져 있다. 그 후 과학자들은 우주에는 수많은 은하들이 있다는 것을 알아냈다.

▶ 안드로메다 은하

안드로메다 은하의 발견보다 허블의 이름을 더욱 유명하게 한 것은 우주 팽창의 발견이다. 1929년 허블은 안드로메다은하가 우리 은하로부터 점점 멀어지고 있다는 것을 관측했다. 즉 우주가 점점 커지고 있다는 증거를 찾은 것이다.

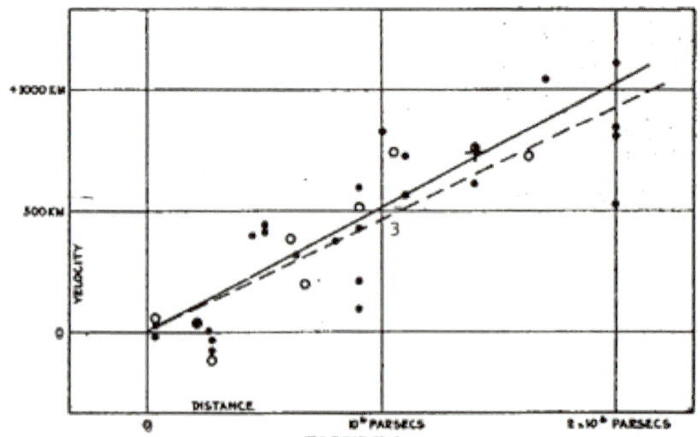

FIGURE 1

허블의 관측: 외부 은하의 속도와 거리 관계 (1929년) 출처 : Hubble

왜 그럴까? 풍선을 불기 전에 스티커를 붙이자. 이 때 스티커들 사이의 거리는 아주 가깝다. 풍선을 점점 크게 불어보라. 풍선이 점점 커지면서 스티커들 사이의 거리가 점점 멀어질 것이다.

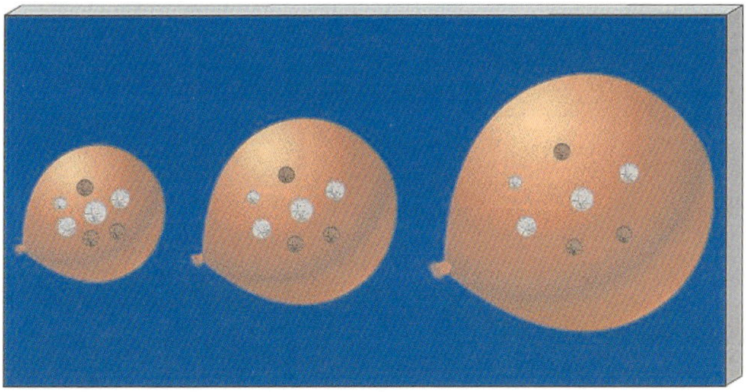

여기서 풍선을 우주로 스티커를 은하로 생각해보라. 우주가 점점 커지면 은하와 은하 사이의 거리가 점점 멀어진다는 것을 알 수 있다. 그러므로 허블의 관측은 우주가 점점 팽창하고 있다는 것을 뜻한다.

우주가 점점 팽창하고 있다면 우리 우주는 처음에 아주 작았을 것이다. 허블이 우주 팽창 사실을 알아낸 후 과학자들은 우리 우주가 아주 작은 크기에서 출발해 점점 커져 지금의 우주 크기가 되었다고 결론을 내리게 되었다.

허블은 우리 은하 주위의 여러 은하들이 우리로부터 멀어지는 속도가 그 별들과 우리 사이의 거리와 관계있다는 사실을 알아냈다. 그의 관측에 따르면 가까이 있는 은하는 천천히 멀어지고 멀리 있는 은하는 빠르게 멀어졌다. 이것은 은하가 멀어지는 속도가 은하와 우리 은하 사이의 거리에 비례한다는 것을 뜻하는데 이것을 허블의 법칙이라고 부른다.

허블은 이 법칙을 이용하여 우리 우주의 나이를 계산했다. 즉 모든 은하들이 달라 붙어있었을 때를 우리 우주의 처음 시작이라고 하면 지금 떨어져 있는 은하들 사이의 거리로부터 우주의 나이를 구할 수 있다.

허블의 법칙을 수식으로 쓰면 V를 우리은하로부터 다른 은하가 멀어지는 속도, R을 우리 은하와 다른 은하의 거리라 하면

$$V = H \times R$$

이 된다. 여기서 H는 허블상수라고 부른다. 한편 (거리) = (시간) × (속력)이므로

$$시간 = \frac{거리}{속력} = \frac{R}{V} = \frac{1}{H}$$

이 된다. 여기서 시간은 지금의 모습이 될 때 까지 우주가 팽창해 온 시간이므로 우주의 나이이다.

허블은 이 법칙을 토대로 우주의 나이를 계산했다. 천문학에서는 별까지의 거리의 단위로 파섹을 많이 사용한다. 1파섹은 3.26광년이다. 허블의 관측 결과 허블상수는 100만 파섹 당 초속 520km였다. 이 값을 허블의 법칙에 대입하면 우주의 나이는 20억년이 되었다. 그런데 지구의 나이는 45억년이다. 그러면 지구가 먼저 태어나고 나중에 우주가 태어났다는 얘기인가? 그렇지는 않다. 이것은 은하와 은하사이의 거리가 정

확하지 않아 우주의 나이가 잘못 계산되었기 때문이다. 현재에도 은하와 은하 사이의 거리를 완전히 정확하게 측정할 수는 없지만 허블의 법칙에 따라 우주 나이를 재보면 우주 나이는 110억에서 220억년 사이에 있다. 과학자들은 여러 가지 다른 이론을 토대로 우주의 나이를 137억년이라고 추정하고 있다.

허블의 법칙으로 올버스 패러독스가 해결되었다. 우주가 처음 만들어진 이래 계속 팽창해왔다면 우주의 크기는 상상할 수 없을 만큼 클 것이다. 그리고 우주의 나이는 유한한 137억 년이라고 하자.

그러므로 우주의 나이로 빛이 갈 수 있는 거리인 137억 광년보다 더 멀리 떨어진 곳에서 지구를 행해 오고 있는 별빛은 아직 지구에 도달하지 못했을 것이다. 즉 지구로부터 137억 광년 이상 떨어진 곳의 별빛은 볼 수 없다. 그래서 우리가 보지 못하는 별 들이 우리가 볼 수 있는 별 보다 훨씬 더 많기 때문에 밤하늘이 어두운 것이다. 이때 137억 광년이라는 거리는 볼 수 있는 우주와 볼 수 없는 우주의 경계이다. 그래서 이 경계를 우주의 지평선이라 부른다.

활동수업

1) 풍선에 스티커 열 개를 붙이고 풍선을 불어 스티커 사이의 거리가 늘어나는 것을 관찰하라.

2) 인터넷에서 안드로메다은하에 대해 조사해, 우리 은하와 안드로메다은하를 비교해 보자.

교과 연계 내용

성운

성운에도 여러 종류가 있다. 암흑성운은 어둡게 보이는데 그것은 성간물질이 뒤쪽에서 오는 별빛을 가로 막기 때문이다. 반사성운은 주위의 별 빛을 반사시켜 밝게 빛난다. 반사성운은 주로 푸른빛을 띤다. 발광성운은 별빛을 흡수하여 자신의 고유의 색깔의 빛을 내는데, 마젤란은하에는 거대한 연분홍빛 발광성운이 있다. 행성상 성운은 성간물질들이 둥그렇게 분포하고 있어 멀리서 보면 마치 행성처럼 보인다.

은하의 종류

일반적으로 은하는 나선은하, 타원은하, 불규칙은하의 세 종류로 나뉜다.

우리은하나 안드로메다은하 같은 나선은하는 중심에 핵이 있고 나선팔이 붙어 있는 납작한 원반 모양이다. 나선은하 중에서 특히 가운데 별들이 긴 막대모양으로 늘어선 것을 막대나선은하라고 부른다.

나선은하의 크기는 보통 지름이 2만 광년에서 10만광년 정도이고 나선은하의 중심에는 오래된 별들이 많고 나선 팔에는 젊은 별들이 많이 있다.

타원은하는 이름 그대로 타원 모양으로 별이 퍼져 있는 은하이다. 타원은하는 나선은하처럼 중심 주위로 회전하지 않는다. 타원은하의 별들은 거의 대부분이 늙은 별들이므로 붉은 색으로 빛난다.

은하의 모양이 나선모양이나 타원모양이 아니라 불규칙적인 모양을 갖고 있는 은하를 불규칙은하라고 하는 데 대표적인 예로는 소마젤란은하와 대마젤란은하를 들 수 있다.

08

정상우주론과 빅뱅우주론

1 뻥! 우주가 태어났어요. - 가모프

▶ 가모프

1948년 러시아의 천문학자 가모프는 지금 우주가 팽창하고 있다면 우주가 탄생할 때는 한 점에서 시작했을 것이라고 생각했다. 프리드만의 제자인 가모프는 프리드만의 우주 팽창 모형을 근거로 우주가 탄생할 때는 현재의 우주의 모든 질량이 한 점에 모여 있으므로 밀도가 상상할 수 없을 정도로 컸을 거라고 생각했다.

가모프는 이와 더불어 우주가 탄생할 때는 우주가 우리가 상상할 수도 없는 뜨거운 불덩어리였고 이것이 대폭발(빅뱅)을 일으켰다고 생각했다. 여기서 대폭발이란 물질과 물질사이의 공간이 갑자기 팽창하는 것을 말한다.

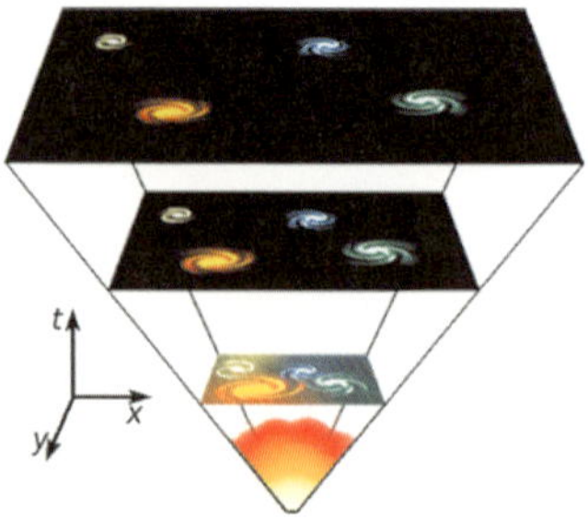

빅뱅에서 출발하여, 팽창하고 있는 우주. 출처: Magnus Manske at en.wikipedia.com

왜 가모프는 초기의 우주가 뜨거워야 한다고 주장했을까? 가모프는 현재까지 우리에게 알려진 모든 원소들이 만들어지기 위해서는 초기 우주의 온도가 엄청나게 높아야함을 알아냈다. 가모프의 빅뱅이론에 의하면 우주가 태어나 5분이 지났을 때 우주의 온도는 약 10억도였다.

원소들이 만들어지는 과정을 좀 더 자세히 살펴보자. 수소, 산소, 철과 같은 원소들은 원자로 이루어져 있다. 원자는 원자핵과 그 주위를 도는 전자로 이루어져 있는 데 전자는 음의 전기를 띠고 있다. 원자핵 속에는 양의 전기를 띠고 있으며 전자보다 약 이 천배 정도 무거운 양성자들과 전기를 띠고 있지 않으며 양성자와 질량이 거의 같은 중성자들로 이루어져 있다. 원자핵을 이루는 양성자와 중성자를 통틀어서 핵자라고 부른다.

가모프는 우주의 온도가 수십억도가 되는 뜨거운 우주일 때는 양성자와 중성자들이 서로 달라붙으려고 하지 않지만 우주가 팽창을 하면서 우주의 온도가 내려가면 양성자와 중성자들이 서로 달라붙어 중수소, 삼중수소, 헬륨 핵 그리고 더 무거운 핵을 만든다고 생각했다. 이렇게 원자핵을 이루는 핵자들이 뜨거운 온도에서 서로 달라붙는 현상을 핵융합 현상이라고 부른다.

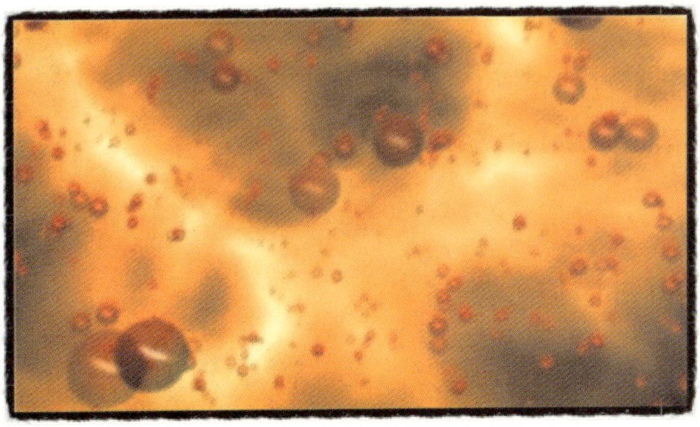

▶ 핵융합

가모프는 이런 핵융합 반응으로 우주 탄생부터 30분 동안 모든 원소가 만들어졌다고 생각했다. 수소에서 우라늄까지 92종의 원소를 요리의 종류로 생각하면 이 요리들이 공통된 하나의 재료로 만들어진다는 것이 가모프의 생각이다.

가모프가 생각한 하나의 재료는 중성자였다. 아주 뜨거운 온도에서는 중성자가 양성자로 바뀌는 일이 생기는 데 이렇게 중성자 중 일부가 양성자로 바뀌면서 양성자와 중성자로 이루어진 모든 원소들의 원자핵이 만들어진다는 것이 가모프의 생각이었다. 그의 이론에 의하면 양성자 두 개와 중성자 두 개가 핵융합되어 헬륨의 핵을 만드는 식으로 별 속에서 무거운 원소의 원자핵이 만들어진다.

가모프의 이러한 주장에 대해 핵물리학의 권위자인 페르미는 강한 의

심을 품었다. 그리고는 가모프의 이론을 면밀하게 검토했다. 그 결과, 가모프의 방법대로는 철보다 가벼운 원소들은 만들어지지만 철보다 무거운 원소들은 만들어 질 수 없다는 것을 알아냈다.

그렇다면 철보다 무거운 원소는 어떻게 만들어지는가? 이 문제는 약 10년 동안 풀리지 않다가 1957년 영국 케임브리지 대학의 호일, 마가렛, 버비지와 미국 캘리포니아 공과 대학의 파울러에 의해 해결되었다. 그들은 철보다 가벼운 원소와 철은 별이 늙으면서 핵융합에 의해 별 내부에서 만들어지며, 철 보다 무거운 원소는 늙은 별이 초신성으로 폭발할 때 만들어진다는 것을 알아냈다.

그 후 여러 실험에 의해 가모프의 주장대로 모든 원소가 우주 초기에 중성자로부터 만들어지는 것이 아니라 수소와 헬륨만이 우주가 탄생할 때 만들어지고 나머지 원소는 별 속에서 만들어진다는 것이 확인되었다.

활동수업

1) 핵융합발전에 대한 자료를 찾아 정리해 보자.

과학서술수업

1) 우주의 전체 질량이 거의 한 점에 모여 있으면 밀도가 극도로 커지는 이유를 설명해 보자.

답 밀도는 질량을 부피로 나눈 값인데 질량이 거의 한 점에 모여 있으면 부피가 0에 가까워지므로 밀도는 엄청나게 큰 값이 된다.

교과 연계 내용

원자핵의 구조

원자는 양의 전기를 띤 원자핵 주위를 음의 전기를 띤 전자가 돌고 있는 모습이다. 원자핵 속에는 양의 전기를 띤 양성자와 음의 전기를 띤 중성자가 있다. 양성자 하나가 가지는 전하는 전자 하나가 가지는 전하와 크기는 같고 부호는 반대이다. 그리고 양성자와 중성자의 질량은 거의 같다.

2 우주는 언제나 같은 모습이야 - 호일

▶ 호일

이 당시 우주 이론에는 가모프의 빅뱅이론만 있었던 것은 아니었다. 1948년 영국 케임브리지 대학의 호일은 동료인 본디, 골드와 함께 가모프의 빅뱅이론을 부정하는 새로운 우주론을 주장했다. 그들이 주장한 우주론은 흔히 「정상 우주론」이라고 불리는 데, 우주가 한 점에서 빅뱅에 의해 팽창해온 것이 아니라 우주의 모습은 한 결 같은 모습이라는 것이다. 아주 옛날의 우주의 모습도 지금과 같은 모습이며 앞으로도 우주는 영원히 지금과 같은 모습을 유지한다는 것이다.

친구 사이인 호일과 골드와 본디는 자주 본디의 집에 모여 토론을 벌였고, 이 과정에서 정상우주론을 만들었다. 허블에 의한 우주 팽창은 명백했기 때문에 그들 역시 받아들일 수밖에 없었다. 그렇게 되면 시간이 지남에 따라 우주의 밀도는 작아진다. 골드는 우주가 한 결 같은 모습이려면 우주의 밀도가 그대로 유지되어야 하므로 팽창에 의해 넓어진 공간에 새로운 물질이 만들어져야 한다.

▶ 골드

정상 우주론에 의하면 우주는 시작도 끝도 없으므로 우주의 나이는 무의미한 얘기이고 굳이 우주의 나이를 얘기하자면 무한대라고 말할 수 있다. 반면, 빅뱅이론에 의하면 우주가 한 점 우주에서 대폭발하여 팽창해왔으므로 우주의 나이는 유한해야하고 그것은 대략 137억년이다.

정상우주론으로도 풀리지 않는 의문은 존재 한다. 그 의문은 다음과 같다.

'새로 만들어진 물질은 어디에 있는가?'

이 의문에 대해 호일은 정상우주론에 따르면 1 세제곱미터의 우주 공간에서 10억 년에 수소 원자 1개 정도가 만들어지는 정도이므로 너무나 희박한 양의 물질이 만들어지기 때문에 새로 만들어지는 물질은 관측하기가 불가능하다고 주장했다.

창작수업

1) 정상우주론에 따라 우주 공간에 새로운 물질이 끊임없이 만들어진다는 가정 아래 재미있는 SF 동화를 써보자.

과학서술수업

1) 우주가 팽창하고 있지만 우주의 밀도가 그대로 유지되려면 새로운 물질이 생겨나야 하는 이유를 설명해 보자.

답 밀도는 질량을 부피로 나눈 값이다. 그런데 우주가 팽창하게 되면 같은 부피 안에 들어 있는 천체의 수가 줄어들게 되므로 질량이 작아진다. 그러므로 밀도가 낮아진다. 그러므로 그 사이에 질량을 가진 물질이 만들어지면 부피와 질량이 동시에 증가해 우주의 밀도가 그대로 유지될 수 있다.

3 정상우주론과 빅뱅우주론, 어느 우주론이 옳은 거지? - 펜지어스, 윌슨

거의 같은 시기에 완전히 정 반대되는 두개의 우주론이 등장했다. 그렇다면 어느 이론이 옳은가? 이 두 이론의 대결은 1950년대 천체물리학자들 사이의 큰 관심을 보였고 이로 인해 천체물리학자는 빅뱅이론을 지지하는 파와 정상우주론을 지지하는 파로 둘로 갈라졌다.

그러나 어느 쪽도 확실한 증거를 확보하지는 못했다. 그러던 중 1950년대 말, 지구에서 멀리 떨어져 있는 전파를 발산하는 은하가 발견되었고 이 은하는 전파은하라고 불리었다. 이렇게 멀리 떨어진 은하들은 대부분 전파 은하였지만 우리 은하에서 가까운 곳에는 전파은하가 하나도 발견되지 않았다.

▶ 전파은하

먼 곳에 있는 은하에서 온 빛은 우리에게 오는데 오랜 시간이 걸린다. 먼 곳에 있는 전파은하는 과거의 은하이고 우리 은하 근처에 있는 은하는 현재에 가까운 시대의 은하이다. 그러면 왜 과거에는 전파를 내는 전파은하가 많고 현재는 전파은하가 없는 걸까? 이 문제는 은하들이 시간에 따라 진화하고 있음을 간접적으로 보여 주는 예가 되므로 우주의 진화와 관련된 빅뱅이론으로는 설명이 가능하지만 우주가 항상 같은 모습이라는 정상우주론으로는 설명하기가 어려웠다.

1960년대 중반에 전파은하 보다 더 먼 곳에 훨씬 더 강력한 에너지를 뿜어내는 퀘이사라는 천체가 발견되었다. 이 경우도 우리 은하 근처에서는 퀘이사를 발견할 수 없었다. 점점 정상우주론의 패색이 짙어지기 시작했다.

▶ 퀘이사

1965년 가모프와 프린스턴 대학교의 디케와 피블스는 비틀거리는 정상우주론에 마지막 KO 펀치를 날렸다. 가모프는 뜨거운 초기 우주의 흔적이 지금의 우주 속에 남아있을 것이라 생각했다. 즉, 태초의 빛이 우주에 존재하고 우리에게 오고 있으며 우주가 팽창하면서 우주의 온도가 내려갔으므로 이 빛도 파장이 매우 긴 전자기파가 되었을 거라 생각했다. 이것이 우주 배경복사선이다. 그러나 이런 우주배경복사선은 정상우주론으로는 결코 설명할 수 없는 일이므로 만일 이 복사선이 관측된다면 그것은 빅뱅이론의 승리라고 볼 수 있었다.

우주 배경 복사선은 우주 팽창에 의해 파장이 길어진 태초의 빛이다. 파장이 길어졌다는 말은 에너지가 작아졌다는 얘기이고 온도가 낮아졌다는 얘기이므로 우주는 팽창을 통해 식어가고 있다는 말이 된다. 가모프는 현재 우주의 온도는 아주 차가운 상태인 영하 264도라고 주장했다.

디케가 프린스턴 대학에서 우주배경복사건 탐색을 시작할 무렵 미국 뉴저지 주에 위치한 벨 연구소의 펜지어스와 윌슨은 거대한 뿔 모양의 안테나를 이용해 인공위성에서 발생된 텔레비전 음향을 방해하는 낮은 방해전파를 연구하고 있었다.

▶ 윌슨(왼쪽)과 펜지어스

그들의 주요 임무는 이 안테나로 텔스타 위성과 통신할 수 있도록 준비하는 일 이었다. 이 작업이 완료되는 데로 그들은 그 안테나를 이용하여 천체물리학 연구를 할 예정이었다. 이 안테나는 짧은 파장의 전자기

파인 마이크로파를 수신할 수 있었다.

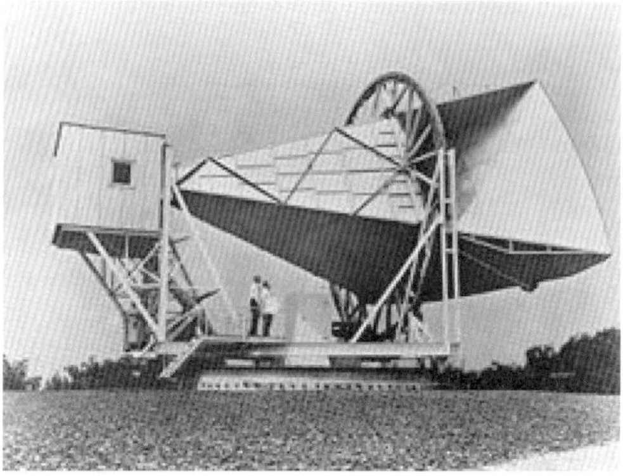

▶ 뿔모양의 안테나

델스타 프로젝트가 끝난 후 그들은 원하는 천체물리학 관측을 하려고 했다. 그 때 확인되지 않은 이상한 전파가 수신되었다. 천문학 연구를 위해서는 이러한 전파가 방해물이라고 생각한 그들은 이 전파를 제거하려고 노력했다. 그러기 위해서는 그 전파가 어디에서 오는 것인가를 알아야했다.

펜지어스와 윌슨은 이 전파가 외부 은하, 주변 도시, 지구에서 오는 것일지도 모른다고 생각했다. 그러나 이 방해 전파는 어느 방향에서도 항상 일정했다. 만일 이 전파가 특정한 곳으로부터 온 것이라면 방해전파의 세기는 이 망원경의 방향에 따라 달라져야 한다. 그런데 모든 방향으로부터 일정한 세기의 전파가 수신되고 있다면 이 전파는 특정한 방향에 있는 외부은하나 뉴저지 주변의 큰 도시인 뉴욕이나 지구에서 오는 전파는 아니라는 결론에 도달했다.

그 다음으로 그들은 이 전파가 증폭기에서 온 것이 아니가 하는 의문을 품었다. 그러나 증폭기를 점검한 결과 이 전파가 증폭기에서 온 것이 아님을 확인했다.

마지막으로 그들은 안테나를 살펴보았다. 그들은 안테나를 분리해 깨끗하게 세척한 뒤 모든 리벳나사들을 알루미늄테이프로 감았다. 그럼에도 불구하고 그 전파는 여전히 잡혔다.

모든 요소를 제거하여도 여전히 미지의 전파가 모든 방향에서 일정하게 수신되었다. 그리하여 그들은 이 전파가 우주에서 오는 것이며 혹시 가모프가 주장한 우주배경복사선이 아닐까, 하는 의문을 품었다. 그리고는 이미지의 전파를 분석한 결과, 이것이 영하 270도의 물체에서 뿜어나는 열복사선임을 알아냈다. 이것은 가모프가 예언한 우주 배경 복사선이었다. 우주가 탄생할 때는 아주 뜨거운 온도에 대응되는 열 복사선이었지만 우주가 팽창함에 따라 온도가 내려가면서 차가운 온도에 대응되는 열복사선으로 바뀐 전파였다. 우주배경복사선의 관측은 우주가 아주 뜨거운 상태에서 만들어졌고 팽창을 통해 식어왔다는 빅뱅이론의 승리를 가져다주었다. 이 발견으로 1978년 펜지어스와 윌슨은 노벨상을 받게 되었지만 불행히도 가모프는 이미 고인이었고 죽은 사람에게는 노벨상을 수여하지 않는다는 원칙 때문에 위대한 물리학자인 가모프는 노벨 물리학상을 못 받은 몇 안 되는 위대한 물리학자의 한 예가 되었다.

활동수업

1) 노벨상에는 어떤 분야가 있는 지 인터넷을 통해 조사해 보자.

과학서술수업

1) 우주의 온도가 내려가면 빛의 파장이 길어지는 이유를 설명해 보자.

답 온도가 낮다는 것은 에너지가 작다는 것을 의미한다. 가열된 물체는 빛을 내는 데 이 때 온도가 낮은 물체에서 나오는 빛은 에너지가 작은 빛이다. 빛의 에너지는 파장이 짧을수록 커지므로 에너지가 작은 빛에서 나오는 빛은 파장이 긴 빛이다.

교과 연계 내용

전자기파와 전파

빛은 전자기파라고 부르는 파동이다. 그러므로 파장이 긴 빛도 있고 파장이 짧은 빛도 있다. 우리 눈에 보이는 빛은 색깔에 따라 파장이 다른데, 예를 들면 빨강 빛은 파장이 720나노미터 정도이고 주황 노랑 초록 파랑 남색으로 갈수록 파장이 짧아지다가 보라가 되면 파장이 380나노미터 정도가 되어 가장 짧아진다. 여기서 나노미터는 아주 작은 길이를 나타내는 단위로

$$1\text{ 나노미터} = \frac{1}{100\text{만}}\text{ 밀리미터}$$

이다. 그러므로 파장이 380나노미터에서 720나노미터까지의 빛은 우

리 눈으로 볼 수 있어 색깔이 구분이 되는데 이런 빛을 가시광선이라고 한다. 하지만 파장이 380나노미터보다 짧거나 720나노미터 보다 긴 빛은 우리 눈으로 볼 수 없다. 빨강 빛보다 파장이 길어 눈에 보이지 않는 빛을 적외선이라고 부르고, 적외선 보다 파장이 더 긴 빛을 마이크로파라고 부른다. 마이크로파는 파장이 수 마이크로미터 정도인 빛을 말한다. 마이크로미터는 다음과 같이 정의된다.

$$1 \text{ 마이크로미터} = \frac{1}{1000} \text{ 밀리미터}$$

마이크로파보다 파장이 길어진 빛은 라디오파 또는 TV파라고 부르는데 역시 우리 눈에 보이지 않는다. 우리가 집에서 라디오를 듣거나 TV를 볼 수 있는 것은 방송국에서 발사된 라디오파나 TV파를 안테나가 수신하기 때문이다.

파장이 너무 짧아 우리 눈에 보이지 않는 빛에 대해 알아보자. 보라 빛보다 파장이 짧아 눈에 보이지 않은 빛은 자외선이라고 부르는 데 자외선은 너무 많이 쪼이면 우리 몸의 어두운 부분을 태워 화상을 입히거나 기미 주근깨를 만들거나 심하면 피부암을 일으킨다. 자외선보다 파장이 짧은 빛은 X선이다. X선은 투과성이 강해 우리 몸속을 들여다 볼 수 있다. X선 보다 파장이 짧은 빛은 감마선이다.

09

블랙홀과 우주탄생

1 별! 너는 어떻게 죽니? - 찬드라세카르

우주공간에서 우리 눈에 보이는 물질 중 거의 4분의 3은 수소기체이고 4분의 1은 헬륨기체이며 다른 원소들은 극히 적은 양이 존재한다. 따라서 우주의 물질은 거의 대부분 기체 상태라고 볼 수 있다.

별은 어떻게 태어나는가? 그리고 어떻게 최후를 맞이하는가? 이런 의문을 처음 던진 사람은 인도의 물리학자 찬드라세카르이다.

우주공간에서 성간 물질은 장소에 따라 차이가 난다. 성간 물질이 희박한 곳이 있는가 하면 반대로 성간 물질이 많이 모여 있는 곳도 있다. 이 들이 모여 열을 방출하며 스스로 빛을 내는 성운이 된다. 이 때 별의 재료인 성간 물질을 만유인력으로 서로 끌어당기고 만유인력 거리의 제곱에 반비례하므로 이 들 사이의 거리가 가까워짐에 따라 만유인력은 더 강해진다. 이렇게 강한 만유인력은 성간 물질을 한 곳에 모이게 한다.

이와 같이 성간 물질이 어느 정도 모여지면 서로의 만유인력에 의해 무리를 이루고 모여든 성간 물질이 점점 빨리 회전하며 중심방향으로 중력에 의한 수축이 일어난다. 이 때 중심부는 바깥쪽에 비해 훨씬 더 빨리 수축이 일어나고 바깥쪽은 비교적 천천히 수축한다. 이때를 원시별이라고 하는데 말하자면 갓 태어난 아기별이라 할 수 있다. 우주에는 아직도 원시별이 태어나고 있으며 대표적으로 오리온 성운에는 원시별이 존재한다고 알려져 있다.

▶ 찬드라세카르

▶ 오리온 성운

모여든 성간 물질이 회전을 하며 중심 쪽으로 수축하면 내부의 온도는 올라간다. 이 온도가 만 도에 이르면 수소의 핵이 달라붙는 핵융합이 일어나고 이 과정에서 생긴 에너지가 별에 빛과 열을 준다. 태양의 경우 처음 태어났을 때의 원시 태양은 지금의 태양에 비해 1000배 밝고 크기도 100배 이상이었지만 1000만년 동안 수축되어 지금과 같은 안정된 모습을 유지하고 있다. 태양의 수명은 약 100억 년이고 지금의 나이는 50억 년 정도이다.

시간이 흐르면 별의 온도는 점점 내려가고 크기는 점점 커진다. 이 때 별이 최대 크기가 되면 표면온도가 낮아서 빨간 색을 띠게 되는데 이 별을 붉은 거성이라 부른다. 붉은 거성은 표면온도가 낮은 빨간 별 임에도 불구하고 그 크기가 크기 때문에 밝게 보인다.

▶ 붉은 거성인 미라

시간이 더 흘러 별 속에서 핵융합이 더 이상 일어나지 않게 되면 별은 더 이상 안정된 형태를 유지하지 못해 죽어가게 되는데 별이 죽는 모습은 태어날 때 별의 질량과 밀접한 관련이 있다.

태양의 질량의 10배 이하로 태어난 별은 중심부의 온도가 높아서 중심부의 수소를 모두 태울 때까지 계속 빛난다. 이 별은 점점 수축하여 온도가 높은 데도 어두운 별이 되는 조용한 죽음을 맞이한다. 이 별은 백색왜성이라 부르는 데 지름이 지구크기와 비슷한 만 km 정도이고 밀도가 1세제곱센티미터 당 1톤 정도이며 표면온도가 만 도 정도이다.

1844년 독일의 천문학자 베셀은 시리우스의 운동이 직선이 아니라 구불거리는 운동을 하는 것은 시리우스 근처에 다른 별이 있어서 이 별의 인력의 영향을 받기 때문이라고 생각했다. 1862년 미국의 클라크는 시리우스 근처에 시리우스의 밝기의 만 분의 1정도의 밝기를 가진 어두운 별을 관측했다. 이 별이 지금 시리우스 B라고 알려진 시리우스의 동반성이다. 시리우스 B의 반지름은 태양의 30분의 1 정도, 질량은 태양의 0.96배정도 이고 밀도는 태양의 27000배 정도이다. 이 별이 인류가 발견한 최초의 백색왜성이다. 지금까지 수 백 개의 백색왜성이 관측되었

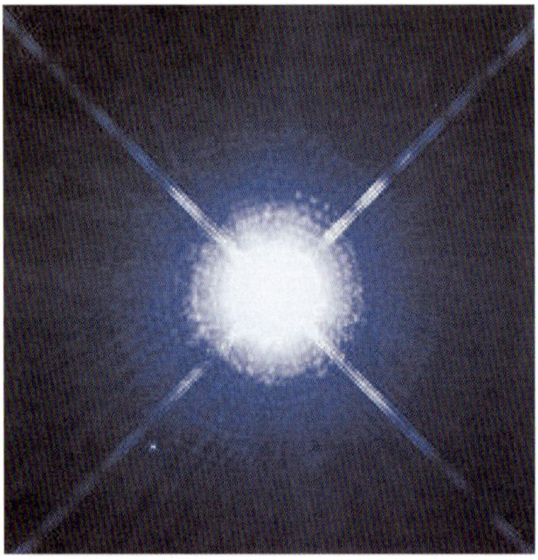

▶ 허블망원경으로 찍은 시리우스A와 B. 가운데 큰 원이 시리우스 A이고 왼쪽 아래에 한 점으로 보이는 별이 백색왜성인 시리우스 B이다.

고 그 중에는 크기가 지구의 반, 질량이 태양의 2.8배, 밀도가 태양의 36억 배나 되는 것도 있다.

태양의 질량의 10배 이상 30배 이하로 태어난 별은 수소가 달라붙어 헬륨이 되고, 헬륨이 달라붙어 산소, 탄소가 만들어지고, 산소나 탄소가 달라붙어 네온이나 마그네슘 등의 원소들이 만들어지는 핵융합이 일어나 최종적으로는 철이 만들어진다. 철은 더 이상 핵융합을 하지 않는다. 따라서 공기가 빠진 풍선처럼 별의 내부압력이 약해져서 중력에 의해 중심 쪽으로 끌어당겨지는 중력수축이 시작된다. 이러한 중력수축은 빠른 속도로 진행되어 초신성 폭발이 일어난다. 그리고 남아있는 별의 중심핵은 더욱 수축되어 전자가 핵 속의 양성자와 만나 중성자가 되어 온통 중성자로만 구성된 별이 되는 데 그것이 바로 중성자 별이다.

1987년 초신성 SN1987 A가 대마젤란 성운에 출현했다. 태양의 100배의 거성이 급격한 중력수축을 함으로써 이루어진 이 폭발은 12등급의 어두운 별이 2개월 동안 2.9등성으로 밝아진다는 사실로부터 초신성 폭발로 입증되었다. 이 별이 15만 광년 떨어져 있으므로 이 초신성 폭발은 15만 년 전에 일어난 과거의 사건이다. 초신성 폭발은 1054년, 1572년, 1604년, 1987년 에 관측 될 정도로 희귀한 사건이고 그 웅장한 광경 때문에 우주 쇼로 여겨진다.

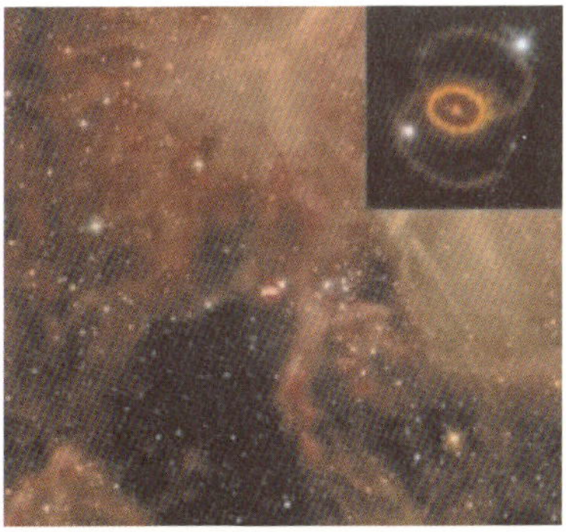

▶ 초신성 1987A

중성자별의 크기는 대개 백색왜성의 700분의 1 정도인 반경 10km이고 밀도는 백색왜성의 100만 배 정도 되는 세제곱 센티미터 당 5억 톤 정도이다. 1967년 케임브리지 대학의 휴이쉬 그룹은 규칙적인 펄스를 내는 천체를 발견하였다. 처음에는 이 규칙적인 펄스가 외계인이 보내온 전파라고 생각한 적도 있었다. 그러나 이 펄스를 내는 천체(펄서)의 정체가 중성자별임을 알게 되었다. 우주에 중성자별이 존재한다는 것이 증명된 셈이었다.

▶ 펄서

태양의 질량의 30배 이상으로 태어난 별은 초신성폭발 후 남아있는 중심핵이 더욱 수축해 초고밀도의 블랙홀이 된다.

활동수업

1) 인터넷에서 지구의 밀도를 조사해 백색왜성의 밀도가 지구의 밀도의 몇 배인지 알아보자.

과학서술수업

1) 양성자가 전자와 만나 중성자가 되는 반응에서 반응전 후의 전하량은 어떻게 되는가?

답 양성자의 전하량과 전자의 전하량은 크기는 같고 부호는 반대이므로 반응 전의 전하량은 0이 된다. 중성자는 전기를 띠지 않으므로 전하량은 0이다. 그러므로 이 반응에서 반응 전 후의 전하량은 같다.

2) 우리가 중성자 별 위에 서 있다면 팔을 들어 올릴 수 있을까?

답 중성자 별은 중력이 지구에 비해 너무 크다. 팔을 들어 올리기 위해서는 천체가 팔을 잡아당기는 힘과 같은 크기의 힘을 반대 방향으로 작용해야 한다. 지구에서는 중력이 작으므로 우리가 그 힘을 내서 팔을 들어 올릴 수 있지만 중성자별에서는 팔에 작용하는 중력이 너무 크기 때문에 팔을 들어 올릴 수 있는 힘을 우리가 낼 수 없다.

2 블랙홀은 신비스러워 - 호킹

우리는 앞에서 태양의 질량의 30배 이상인 별의 종말로서 엄청난 질량이 거의 한 점에 모여 있는 상황을 블랙홀이라고 하였다. 그러면 왜 블랙홀이라고 부르는가? 우리가 블랙(검정)이라는 단어를 들으면 물리에서 무엇이 생각나는가? 색의 입장에서 블랙은 모든 빛을 흡수하는 성질을 가진다. 반대로 흰색은 모든 빛을 반사한다.

엄청나게 큰 중력 때문에 빛조차도 한번 들어가면 빠져 나올 수 없는 천체를 사람들은 블랙홀이라고 생각하였다. 아인슈타인의 상대성이론에 의하면 중력이 큰 곳에서 시공간은 많이 휜다. 이 휜 공간에서는 빛도 휘어진다. 만일 한 점에 태양의 질량의 30배 이상의 질량이 모여 있으면 어떻게 될까? 그 때는 휜다기보다는 가늘고 깊은 끝없는 골짜기가 만들어져 우리 우주(시공간)를 빠져나가는 구멍이 되는 데 이렇게 깊고 깊은 골짜기에 물체가 빨려 들어가면 그 물체는 밖으로 도망 나오지 못하게 될 것이다. 이렇게 빛조차도 빠져 나올 수 없는 천체를 블랙홀(검은 구멍)이라 불렀다.

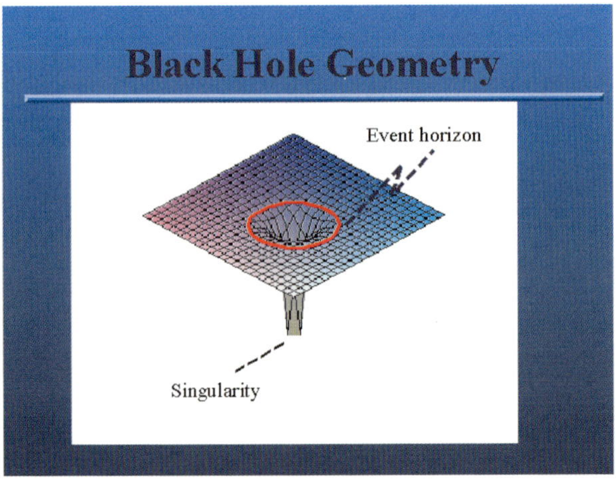

▶ 블랙홀

뉴턴 역학으로도 블랙홀을 설명할 수 있다. 우리가 물체를 위로 던지면 그 물체는 어떤 높이까지 올라가다가 다시 지구로 떨어진다. 물론 어느 높이까지 올라가느냐 하는 것은 물체를 던질 때의 속도와 지구의 중력가속도와 밀접한 관계가 있다. 어떤 속도 이상이 되면 물체는 중력에 의해 땅으로 떨어지지 못하고 중력을 이겨내 그 천체를 탈출하게 되는데 이것을 탈출속도라 부른다.

탈출속도는 천체가 작고 무거울수록 커지는데 지구의 탈출속도는 초속11.2km이지만 목성의 탈출속도는 초속 60km이고 태양의 탈출속도는 초속 613km 정도이다. 시리우스 B와 같은 백색왜성에서의 탈출속도는 초속 3360km이고 중성자별에서는 탈출속도가 자그마치 초속 19만2000km에 달한다. 이런 식으로 생각하면 블랙홀에서의 탈출속도는 빛의 속도보다 크다고 볼 수 있다. 그러므로 빛조차도 블랙홀에서는 탈출이 불가능한 것이다.

아인슈타인 방정식을 최초로 푼 사람은 1916년 오스트리아의 슈바르츠실트이다. 그는 우주의 한 점에 큰 질량을 가진 물체가 있으면 그 주위에 이상한 경계면이 생기며 그 경계면 안쪽에서는 빛도 빠져 나오지 못한다는 사실을 알아냈다. 이 경계면을 사건의 지평선이라 부른다. 우리가 지평선을 보면 지평선 위쪽의 물체는 볼 수 있지만 지평선 아래쪽은 볼 수 없다. 만일 지평선 위로 해가 떠오르는 것을 보면 해가 지평선 밑에 있을 대는 우리 눈에 보이지 않는다. 여기서 사건의 지평선이라 이름을 붙인 이유는 사건의 지평선 안쪽에서는 어떤 물리 현상이 일어나는지 알 수 없기 때문이다. 그러므로 사건의 지평선을 블랙홀의 표면이라고 생각할 수 있다.

영국의 물리학자 호킹은 사건의 지평선 안으로 계속 들어가면 끝없이 긴 골짜기를 통해 한 점과 만나게 되며 이곳은 중력이 무한대가 된다는 것을 알아냈다. 호킹은 이 점을 특이점이라고 불렀다. 특이점에서는 시간과 공간이 명확하게 정의되지 않으므로 시간과 공간이 뒤죽박죽이 되어 버려 기존의 물리 법칙이 통하지 않고 우리가 알고 있는 인과관계도 전혀 적용되지 않는 이름 그대로 특이한 곳이다. 블랙홀의 모습은 특이점을 사건의 지평선이라는 옷으로 감춘 모습이다.

▶ 호킹

호킹은 1942년 영국의 옥스퍼드에서 태어났다. 어릴 때부터 몸이 약해 운동을 잘하지 못했지만 호킹은 수학에서는 누구에게도 뒤지지 않았다. 18살에 호킹은 옥스퍼드 대학에 입학했다. 그는 수학을 전공하려 했지만 옥스퍼드에는 수학과정이 없어서 물리학을 전공했다. 21살이 되던 해 호킹은 케임브리지 대학에서 이론물리학 박사과정을 밟았다. 그 해 12월 호킹에게 비극적인 일이 벌어진다. 점점 몸이 허약해지고 자꾸 부딪치고 구두를 신는 것 조차 힘들어졌다. 호킹의 병은 점점 더 악화되어 말을 하기도 점점 힘들어졌으며 제대로 걷지 못하고 넘어지기 일쑤였다. 호킹의 병은 불치병인 루게릭병으로 밝혀졌으며 그 때부터 휠체어에 의존해 살아야 했다. 그의 휠체어에는 간단한 손 조작으로 음성을 만들 수 있는 장치가 붙어 있어 말을 할 수 없는 호킹은 강의를 할 수 있었다. 이런 악조건을 무릅쓰고 호킹은 케임브리지 대학에서 박사학위를 따고 그 대학에서 교수가 되어 활발한 연구 활동을 했다.

그렇다면 빛조차 탈출할 수 없는 블랙홀을 어떻게 하면 찾아낼 수 있을까? 블랙홀이 단독으로 존재하는 경우는 그 존재를 알기가 매우 어렵다. 그러나 우주의 별들 중 절반 이상이 두 개의 별이 가까이 붙어 있는 연성이다. 이 때 두 별은 서로의 무게중심 주위를 회전한다. 이 때 질량이 큰 별을 주성이라 부르고 질량이 작은 쪽을 동반성이라 부른다.

주성은 동반성보다 무겁기 때문에 더 밝게 빛나고 수소의 핵융합도 빨리 진행되어 별의 진화가 더 빨리 진행된다. 태어난 지 약 1000만년 정도 지나면 주성이 먼저 붉은 거성이 된다. 1200만년 정도 지나면 주성은 마침내 초신성 폭발을 일으키고 별의 바깥 부분의 가스는 초속 1만 km나 되는 속도로 우주 공간으로 퍼져 나간다. 이 때 주성이 태양보다 30배 이상 무겁게 태어났다면 주성의 중심핵은 중력수축으로 블랙홀이 된다.

5000만년 이상의 세월이 흐르면 동반성도 점점 커져 붉은 거성이 된다. 그 팽창한 가스가 블랙홀이 되어 버린 주성의 의 강한 중력 때문에 블랙홀 안으로 빨려 들어간다. 이 때 가스는 회전 운동을 하므로 곧바로 블랙홀로 빨려 들어가지는 않고 블랙홀주위 빠르게 회전하면서 가스끼리 마찰이 되풀이된다. 이 때 마찰에 의해 가스는 뜨거워지고 온도는 천만 도에 도달해 달해 강한 X선을 방출한다. 결국, 블랙홀을 찾아내려면, X선을 방출하는 X선 별을 찾아내면 된다.

현재 유럽의 '엑소샛'을 비롯한 3개의 X선 천문위성이 X선 별을 관측하고 있다. 지금까지 관측된 X선 별은 천 개가 넘는다. 이들의 관측결과에서 블랙홀의 가장 유력한 후보로 등장한 것이 백조자리의 시그너스

X-1이다. 이 밖에도 대마젤란 성운의 X-3도 블랙홀일 가능성이 매우 큰 것으로 알려져 있다.

지금까지 얘기한 블랙홀은 양자역학과 관련이 없는 블랙홀이었다. 그러나 블랙홀이 아주 작아서 소립자 정도의 크기가 된다면 양자역학적으로 다루어야 한다. 이 생각은 1970년대 초 호킹에 의해 제안되었다. 호킹이 양자론을 블랙홀에 적용시켜 최초로 얻은 결론은 매우 놀라운 결과였다. 블랙홀이 증발하여 사라질 수 있다는 것이었다.

무거운 별의 종말에 의해 만들어진 블랙홀은 그 크기가 크기 때문에 양자론이 적용되지 않는다. 그러나 블랙홀의 크기가 양성자 정도의 크기라면 얘기는 달라진다. 이렇게 작은 블랙홀은 우주의 온도가 아주 높고 우주의 크기가 아주 작은 우주 초기에 만들어 졌다 사라진다. 이제 호킹의 증발하는 블랙홀에 대해 알아보자.

우주초기에 양성자정도의 크기에 질량은 10억톤 정도인 초미니 블랙홀이 만들어진다. 블랙홀의 사건의 지평선 주위에서 입자와 반입자의 쌍이 생겨난다. 이 때 음의 에너지를 가진 입자가 블랙홀로 빨려 들어가고 블랙홀은 에너지를 보존하기 위해 양의 에너지를 가진 입자들을 방출하기 시작한다. 음의 에너지를 가진 입자를 빨아들인 블랙홀은 점점 질량을 잃어가고 이로 인해 온도가 올라가며 입자들을 방출하여 점점 홀쭉해진다. 마침내 블랙홀은 질량을 다 잃어버리고 그 부분의 시공간은 평평해 지면서 블랙홀은 증발한다.

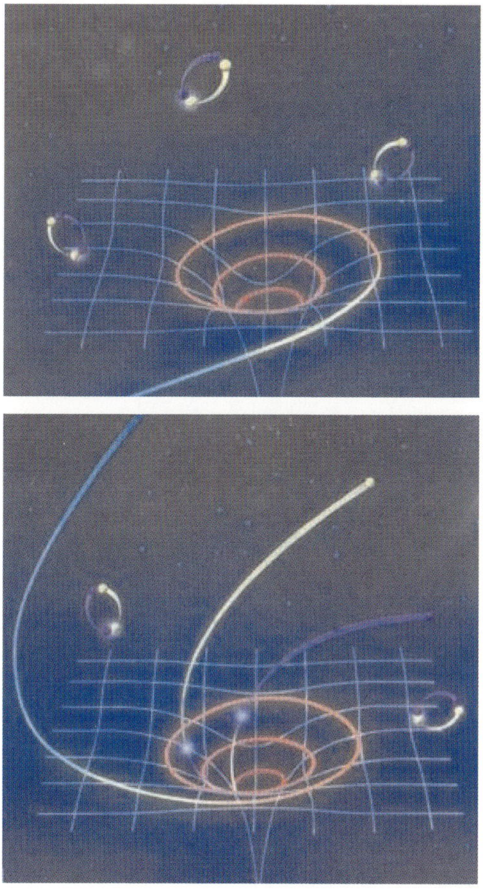

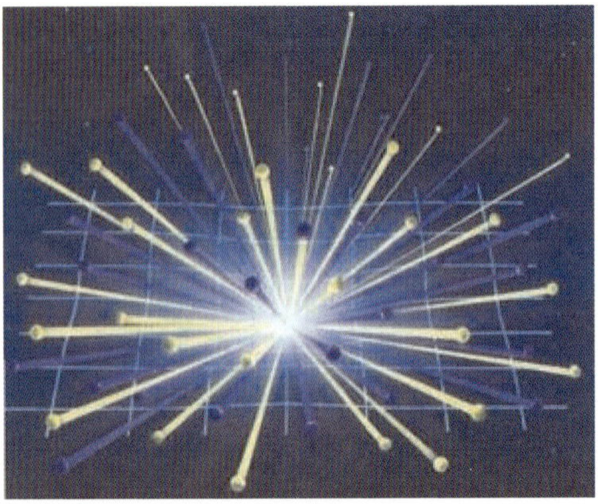

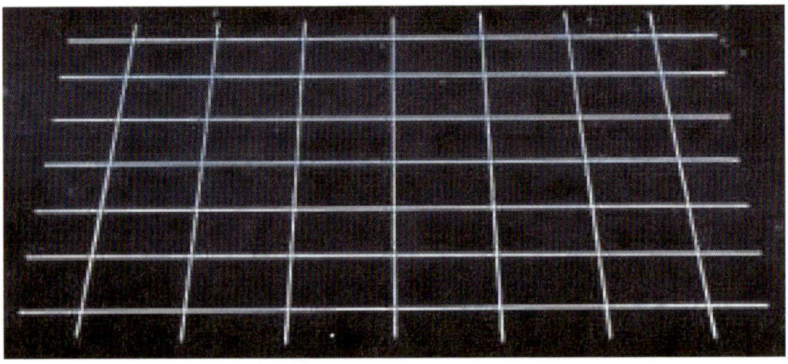

▶ 블랙홀이 증발하는 과정

활동수업

1) 호킹의 허수 시간이 무엇인지 인터넷에서 조사해 정리해 보자.

과학서술수업

1) 두 물체의 질량이 같을 때 두 물체의 무게 중심은 어느 곳인가?

답 두 물체를 연결한 선분의 중점이 두 물체의 무게중심이다.

2) 달의 중력은 지구의 $\frac{1}{6}$ 이다. 달에서 점프를 뛰면 지구에서 보다 얼마나 높이 뛰어 오를 수 있을까?

답 점프를 뛰었을 때 올라가는 최고 높이는 중력의 크기에 반비례한다. 그러므로 달에서는 지구에서 보다 6배 높이까지 뛰어 오를 수 있다.

3) 블랙홀은 질량은 엄청나게 크지만 부피는 아주 작은 천체이다. 지구 근처에 블랙홀이 있다면 어떻게 될 것인지를 서술하라.

답 지구와 블랙홀 사이에 만유인력이 작용한다. 지구가 블랙홀을 당기는 힘이나 블랙홀이 지구를 당기는 힘은 크기가 같고 방향이 반대이다. 그러나 블랙홀은 지구에 비해 엄청나게 질량이 크기 때문에 블랙홀의 가속도는 거의 0에 가까워지고 지구는 큰 가속도로 블랙홀에 당겨지게 된다.

3 우주가 태어났을 때로 가보자 - 가모프, 디랙

우주가 137억년 동안 팽창을 해왔다면 시간을 거꾸로 돌려 우주의 초기에는 한 점에서 시작했을 것이다. 이것이 가모프의 빅뱅이론에 의한 우주탄생의 시나리오이다. 물론 정상우주론에 의하면 우주는 시작도 끝도 없이 지금과 같은 모습으로 유지되어 왔겠지만 펜지어스와 윌슨의 우주배경 복사선의 발견으로 정상우주론이 틀린 것으로 판명되었으므로 가모프의 빅뱅이론에 의해 우주탄생의 시나리오를 추적해본다.

현재의 우주를 거꾸로 수축시키면 우주의 모든 질량을 가지는 한 점으로 될 것이다. 이것이 호킹이 주장한 우주의 시초인 특이점이다. 여기서 애기하는 특이점은 블랙홀에서 애기한 특이점으로서 밀도와 중력이 무한대인 점이다. 앞에서 애기 한 것처럼 특이점에서는 시간과 공간도 정의되지 않고 어떠한 물리법칙도 적용되지 않는다.

이 특이점 상태에서 우주는 빅뱅을 일으켜 드디어 우주에 시간과 공간이 정의된다. 그 때 우주에는 물질과 반물질이 생겨난다. 여기서 반물질이란 영국의 디랙에 의해 예언된 입자를 말하는데 모든 입자는 자기의 파트너인 반입자를 갖는다. 예를 들어 전자는 우리에게 친숙한 입자이다. 그러면 전자의 반입자란 무엇을 말하는가? 전자의 반입자는 전자와 질량은 같고 전하량이 반대인 입자를 말하는데 디랙의 예언이 있고 나서 미국의 앤더슨에 의해 발견되었다. 그 후 양성자와 질량은 같고 전하량은 반대인 양성자의 반입자 반양성자가 발견되는 등 많은 알려진 입자에 대해 그 입자의 반입자가 계속 발견되었다.

디랙의 이론에 의하면 모든 입자들은 자신의 반입자를 가지며 두 입자의 에너지는 크기는 같지만 에너지의 부호가 반대 인 것으로 알려져 있다. 즉 전자의 에너지가 양이라면 전자의 반입자의 에너지는 음의 부호를 갖는다.

▶ 디랙

디랙은 입자와 반입자가 만나면 빛으로 사라지고 높은 에너지를 가진 빛(감마선)은 입자와 반입자를 동시에 만든다는 가설을 세웠고 실험을 통해 디랙의 물질의 사라짐과 만들어짐에 대한 가설이 옳다는 것이 판명되었다.

다시 가모프의 빅뱅이론에 의해 우주탄생 시나리오로 돌아가 보자.

우주는 탄생 직후 100억분의 일초의 백억 분의 일의 다시 100억분의 일 보다 더 짧은 시간이 지나 엄청나게 커다란 우주로 팽창한다. 이러한 급격한 팽창을 인플레이션이라고 하는 데 경제학에서 물건 값이 너무 올라 햄버거 하나를 먹기 위해 화폐를 트럭으로 실고 가야 하는 경우에 사용되는 용어이다. 우주가 태어났을 때는 물질이 전혀 없는 진공상태였다. 양자론에 따르면 물질이 없는 진공도 진동을 하는 데 이 진동에너지가 바로 인플레이션을 일으킨다.

인플레이션이 일어난 후 우주에는 진공에너지가 열에너지로 바뀌어 상상할 수 없을 정도로 뜨거운 우주가 만들어진다. 이 때 빛과 수많은 소립자들이 만들어진다. 이 때 소립자의 반입자들도 동시에 만들어진다. 이 때 소립자 보다는 반입자가 조금 더 적게 만들어진다. 소립자와 반입자가 충돌해 빛으로 바뀌면서 우주는 빛으로 가득차고 반입자는 모두 사라지고 우주에는 소립자만이 남아 현재의 우주 물질의 토대가 된다. 이때 만들어지는 소립자는 주로 쿼크이다.

우주 탄생 후 3분이 지나면 우주가 점점 커지면서 우주의 온도가 내려간다. 우주의 온도가 약 1조 도가 되면서 쿼크가 모여 양성자(수소의 원자핵)와 중성자를 만든다. 우주가 더 차가워져 10억 도가 되면 양성자와 중성자가 핵융합에 의해 달라붙어 헬륨의 원자핵을 만든다. 이 시기에 생겨난 원자핵의 92퍼센트는 수소 원자핵이고 나머지가 헬륨의 원자핵이다.

우주 탄생 후 10만년이 흘렀을 때 이때도 우주는 계속 팽창하고 그로 인해 온도는 낮아지고 밀도도 작아진다. 하지만 아직도 온도가 높기 때문에 전자들은 원자핵에 붙잡히지 않고 우주 공간을 자유롭게 돌아다닌다. 빛은 전자와의 충돌로 직진하지 못하게 된다. 그러므로 이 시기의 이로 인해 빛이 직진하지 못해 안개 속처럼 멀리 내다 볼 수 없는 불투명한 우주다 된다.

우주탄생 후 38만년이 지나면 우주의 온도는 3000도 까지 내려간다. 그러자 전자는 원자핵에 붙잡혀 원자가 만들어진다. 수소의 원자핵은 하나의 전자를 붙잡아 수소원자가 되고 헬륨의 원자핵은 두 개의 원자를 붙잡아 헬륨 원자가 된다. 그러자 빛은 전자와 충돌을 하지 않아 직진하게 되면서 맑게 갠 우주의 모습이 된다.

활동수업

1) 우주의 나이를 1년으로 비유할 때, 우주가 맑게 개는 시점은 언제쯤인지를 계산기를 이용하여 계산해 보자.(1월 1일 0시를 기준으로 하고, 윤년이 아닌 해로 생각하라.)

과학서술수업

1) 현재 우리 우주의 물질은 양성자와 중성자로 이루어진 원자핵 주위를 전자가 돌고 있는 원자로 이루어져 있다. 만일 우주 초기에 반입자의 수가 소립자의 수보다 많았다면 지금 우주의 물질은 무엇으로 이루어졌을까?

답 우주 초기에 반입자의 수가 더 많았다면 소립자는 모두 사라지고 반입자들만이 남게 된다. 그러므로 반양성자와 반중성자로 이루어진 반원자핵 주위를 전자의 반입자인 양전자가 돌고 있는 반원자들이 우주의 물질을 구성하게 된다.

2) 우주에 가장 많은 것은 빛을 이루는 광자라는 이름의 입자이다. 그 이유는 무엇인가?

답 우주가 태어날 때 소립자와 반입자의 충돌이 무수히 많이 일어나 빛이 많이 발생했기 때문이다.

교과 연계 내용

쿼크

원자핵 속에는 양성자와 중성자가 살고 있다. 그렇다면 양성자와 중성자는 더 이상 쪼개어지지 않는 가장 작은 입자일까? 그렇지 않다. 더 이상 쪼개어지지 않는 가장 작은 입자를 소립자라고 부르므로 양성자와 중성자는 소립자가 아니다. 과학자들은 실험을 통해 양성자와 중성자가 보다 작은 소립자인 쿼크로 이루어져 있다는 것을 알아냈다. 쿼크는 업 쿼크, 다운 쿼크, 스트레인지 쿼크, 참 쿼크, 톱 쿼크,

보텀 쿼크의 6종류가 있다. 이중 양성자와 중성자를 구성하는 쿼크는 업 쿼크와 다운 쿼크로 양성자는 두 개의 업 쿼크와 한 개의 다운쿼크로 이루어져 있고 중성자는 두 개의 다운쿼크와 한 개의 업 쿼크로 이루어져 있다.

영재 페이지

업 쿼크와 다운 쿼크의 전하량

양성자의 전하량은 +1이고 중성자의 전하량은 0이다. 이것을 이용하면 업 쿼크와 다운 쿼크의 전하량을 알 수 있다. 업 쿼크와 다운 쿼크의 전하량을 모르므로 업 쿼크의 전하량을 A, 다운 쿼크의 전하량을 B라고 하자. 업 쿼크 두 개와 다운 쿼크 한 개가 모여 양성자를 이루므로 이들이 가진 전하량의 합이 +1이 되어야 한다.

$$2A + B = +1 \qquad (1)$$

중성자는 업 쿼크 한 개와 다운 쿼크 두 개로 이루어져 있고 이 들이 가진 전하량의 합이 0이 되어야 한다.

$$A + 2B = 0 \qquad (2)$$

두 식에서 A, B를 구해 보자. (2)에서 A = - 2B이다. 이 관계를 (1)에 넣으면

$$-3B = 1$$

이므로 $B=-\frac{1}{3}$ 이 된다. 이 결과를 (1)에 넣으면 $A=+\frac{2}{3}$ 가 된다.

즉, 업 쿼크의 전하량은 $+\frac{2}{3}$ 이고 다운 쿼크의 전하량은 $-\frac{1}{3}$ 이다.

이렇게 업 쿼크와 다운 쿼크는 분수의 전하량을 가지고 있다.

참고문헌

엘러건트 유니버스, 브라이언 그린(지은이), 박병철(옮긴이) | 승산 | 2002년 3월

조지의 우주를 여는 비밀 열쇠, 스티븐 윌리엄 호킹, 루시 호킹(지은이), 김혜원(옮긴이) | 랜덤하우스코리아 | 2008년 4월

미로탐험 : 신비한 우주 - 지구가 있는 태양계에서 아득히 먼 은하까지! | 미로탐험 시리즈 7, 겐타로 카가와(지은이), 이은선(옮긴이), 아가타 히데히코(감수) | 문공사 | 2012년 4월

과학이 재미있어지는 우주 이야기 | 밝은미래 지식탐험 시리즈 4

가비 레블링(지은이), 율리아 케르겔(그림), 함미라(옮긴이) | 밝은미래 | 2013년 6월

할아버지가 들려주는 우주이야기 - 천체물리학자 위베르

위베르 리브(지은이), 강미란(옮긴이) | 열림원 | 2011년 4월

찾아보기

ㅅ

ㅇ

ㅈ

ㅊ

ㅋ